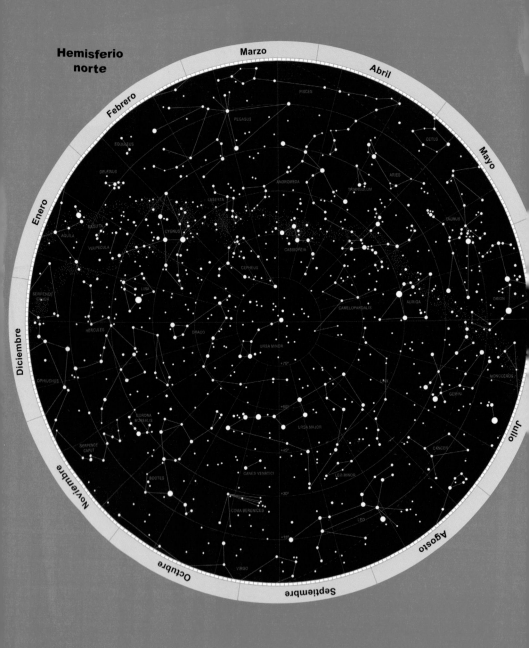

Hemisferio norte

Enero
Febrero
Marzo
Abril
Mayo
Junio
Julio
Agosto
Septiembre
Octubre
Noviembre
Diciembre

PISCES
PEGASUS
EQUULEUS
DELFINUS
LACERTA
SAGITTA
AQUILA
VULPECULA
CYGNUS
CEPHEUS
CASSIOPEIA
ANDROMEDA
TRIANGULUM
ARIES
CETUS
TAURUS
AURIGA
ORION
LYRA
SERPENS CAUDA
HERCULES
DRACO
URSA MINOR
CAMELOPARDALIS
LYNX
MONOCEROS
GEMINI
OPHIUCHUS
URSA MAJOR
CANCER
CORONA BOREALIS
CANES VENATICI
LEO MINOR
LEO
SERPENS CAPUT
BOOTES
COMA BERENICES
VIRGO

+75°
+60°
+45°
+30°
+15°

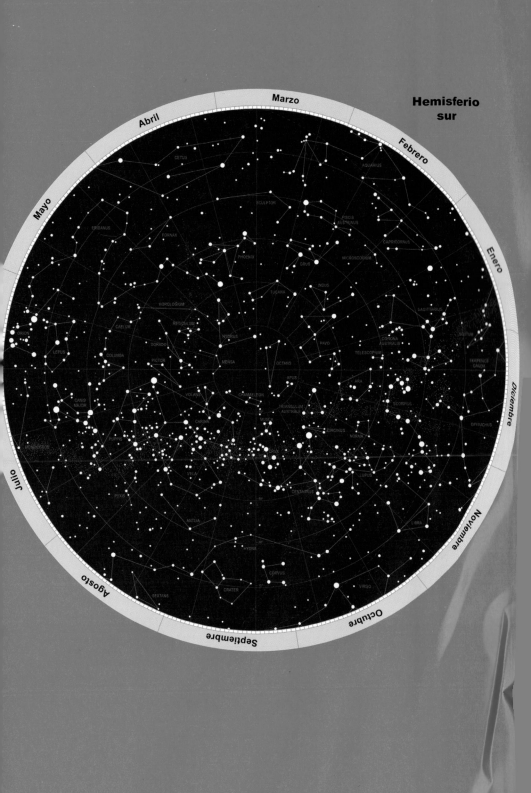

Hemisferio
sur

# La astronomía es fácil

Jordi Lopesino

*La astronomía es fácil*

© 2023 Jordi Lopesino

Primera edición: noviembre 2023

© 2023 MARCOMBO, S.L.

www.marcombo.com

Maquetación interior y diseño: Pleka scp

Ilustración: Jesús López

Traducción: Anna Coll-Vinent

Corrección: Anna Alberola

Directora de producción: M. Rosa Castillo

ISBN: 978-84-267-3712-0

D.L.: B 17481-2023

Impresión: Printek

*Printed in Spain*

# ÍNDICE

A Lola Casas,
mi primera maestra,
mi primera amiga.

¿Por qué nadie me enseñó las constelaciones ni me hizo disfrutar de la bóveda celeste que veo siempre allá en lo alto y que apenas conozco?

Thomas Carlyle

# LA ASTRONOMÍA ES...

De día o de noche, aunque sea sin querer, si levantamos la vista hacia el cielo, hacemos astronomía. Si es aficionado a la astronomía, conoce el cielo y disfruta de él. Si no lo es, con este libro quiero ayudarle a entender y comprender el universo que nos rodea.

## Empezaremos por lo más evidente, el Sol

El Sol es la estrella más próxima a la Tierra. Observando y estudiando el Sol podremos entender cómo funcionan otras estrellas.

Es una gigantesca bola de gas incandescente. Es tan grande que, dentro del Sol, cabrían más de un millón de tierras.

Fotografía del Sol en la longitud de onda de H alfa.
Realizada desde Barcelona.

A nosotros nos parece que es inmenso; que no hay nada en el universo que le pueda hacer sombra. Nada más lejos de la realidad. Existen estrellas que son centenares de veces más grandes que el Sol. Por ejemplo, dentro de la estrella gigante Betelgeuse cabrían casi un millón de soles, en una proporción equivalente a la de la Tierra y su estrella.

El Sol no es estático; tiene un periodo de rotación de unos 27 días de media. Su temperatura superficial está en torno a los 5500 °C y fundiría cualquier material conocido. En el núcleo del Sol se pueden alcanzar temperaturas de 15 millones de grados.

Nuestra estrella tiene una actividad que podemos observar y estudiar a través de las manchas solares. Cuantas más manchas, más actividad; cuantas menos manchas, menos actividad. Esta actividad tiene una periodicidad de 11 años. En 2022 empezó un nuevo ciclo solar, el 25. Es un buen momento para observar el Sol.

Filtro solar.

Gafas para observar
eclipses de Sol.

Hay que tener mucha precaución a la hora de observar el Sol. Si utilizamos telescopio o prismáticos, tenemos que colocar un filtro adecuado en la óptica. Si no lo hacemos así, podemos sufrir daños importantes en los ojos, e incluso perder la vista.

Si queremos observar el Sol a simple vista, también debemos tomar precauciones. Existen en el mercado unas gafas para observar eclipses que nos permiten observarlos durante unos minutos sin peligro. Con esas gafas podemos llegar a ver las manchas más grandes de nuestra estrella. Algunas de esas manchas son más grandes que el planeta Tierra.

Nuestra estrella también nos marca los puntos cardinales en el paisaje. Ya lo sabéis: el Sol sale por el este cada mañana y se pone por el oeste cada anochecer. Bien, esta afirmación es cierta solo unos días del año. De hecho, el Sol sale por el este y se pone por el oeste solo durante los equinoccios. El resto del año, el punto exacto de la salida del Sol se desplaza hasta 30° al norte y al sur de los puntos este y oeste.

Tenemos el equinoccio de primavera, entre el 19 y el 21 de marzo, y el equinoccio de otoño, entre el 21 y el 24 de septiembre. En estas fechas, la duración del día es igual a la duración de la noche.

El camino que dibuja el Sol cada día en la bóveda celeste se llama «eclíptica». En verano este camino está muy alto en el firmamento, pero en invierno transita mucho más abajo. Esto se debe a la inclinación del eje de la Tierra.

Encontrar la eclíptica de día es relativamente fácil, pero ¿cómo la buscamos de noche? Más adelante explicaré para qué nos es útil la eclíptica durante la noche. El Sol transita por un anillo de constelaciones en el firmamento, las constelaciones zodiacales: Aries, Tauro, Géminis, Cáncer, Leo, Virgo, Libra, Escorpio, Sagitario, Capricornio, Acuario y Piscis. Si reconocemos estas constelaciones en el cielo (no se preocupe, pronto hablaremos de cómo hacerlo), podremos situar la eclíptica.

Si quiere saber más sobre la salida y la puesta de sol, la altura sobre el horizonte de nuestra estrella y otras cosas interesantes, le recomiendo esta aplicación de móvil gratuita: **LunaSolCal Mobile**

# La Luna, nuestro satélite natural

La Luna se ve perfectamente tanto de día como de noche. Con 3474.8 km de diámetro, es el satélite natural más grande del sistema solar en relación con su planeta.

Cuarto creciente.

La distancia media entre la Tierra y la Luna es de unos 385 000 km. Su órbita fluctúa, y lo sabemos al milímetro porque, en 1969, los astronautas estadounidenses dejaron en la superficie de nuestro satélite un espejo tecnológico que apuntaba hacia la Tierra. Y ¿cómo funciona? Con la ayuda de un láser. En el capítulo dedicado a las matemáticas se lo acabaremos de explicar.

La Luna influye en el bienestar de nuestro planeta. Le debemos nuestro día de 24 horas. Antes, estaba mucho más cerca de nosotros. La Luna se aleja de nosotros unos 4 centímetros cada año. A medida que nuestro satélite se aleja, el día se va alargando.

Un espejo
un poco especial.

Si es observador, se habrá dado cuenta de que la Luna presenta fases: nueva, creciente, menguante, llena. Unas veces está más iluminada que otras. Si se fija aún más, verá que, a pesar de las fases, siempre vemos la misma cara. Esto se debe al hecho de que la Luna da una vuelta completa alrededor de la Tierra en 29 días, y gira sobre sí misma en el mismo tiempo.

Fases de la Luna

Solo 12 personas han caminado sobre la Luna. En el momento de escribir estas líneas, he comprobado que, de esas 12 personas, solo quedan 4 con vida, y la más joven tiene 86 años. No falta demasiado para que desaparezcan de nuestro planeta las únicas personas que han pisado un mundo diferente del nuestro. ¿A qué esperamos para volver?

La diferencia de temperatura entre el día y la noche lunar puede llegar a ser de 250 °C. Los trajes de los astronautas llevaban refrigeración y calefacción interna.

La Luna, al ser más pequeña que la Tierra, tiene menos gravedad: una sexta parte de la terrestre. Esto significa que una persona que en la Tierra pesa 80 kilos, en la Luna pesará algo más de 13 kilos.

Si miran documentales antiguos de la NASA, podrán ver a los astronautas dando saltitos por la superficie lunar.

Hemos continuado enviando sondas de exploración a la Luna; es más económico que enviar a personas, y más seguro. Algunas han encontrado indicios de que en la Luna hay agua. Si fuera verdad, sería mucho más fácil instalar una base permanente en ella y volver para llevar a hombres y mujeres a nuestro satélite. Del agua congelada se podría obtener oxígeno para respirar, hidrógeno como combustible y agua potable para beber.

La Luna se deja observar con mucha facilidad. Unos buenos prismáticos ya resaltan los cráteres más grandes y definen muy bien sus mares.

Un pequeño telescopio nos dará detalles más interesantes de la superficie: textura, grietas, montañas, cráteres dentro de cráteres. Si es un prismático con un poco de aumento, es mejor fijarlo a un trípode.

Del mismo modo que nuestros antepasados conocían muy bien las fases de la Luna, porque les eran muy útiles para contar el paso del tiempo, a nosotros actualmente también nos resultan muy útiles para determinar las mejores noches de observación astronómica. Cómo ven, nuestra afición viene marcada por la cantidad de luz que la Luna irradia en el firmamento. Si las noches son oscuras, podemos hacer observación de la Vía Láctea, de objetos de cielo profundo (pronto hablaremos de ello), de galaxias... Si hay mucha luz de la Luna en el cielo, tendremos que contentarnos con la observación de la propia Luna y de los planetas.

En relación con este tema, les recomiendo una aplicación muy sencilla para determinar las fases de la Luna de manera perpetua: **Fases de la Luna**. Es gratuita. Hay otras, tanto gratuitas como de pago. Investiguen un poco y elijan la que más les guste. Empiecen su biblioteca personal de astronomía. Son herramientas útiles para la observación.

# ¡Planetas a simple vista!

Hace miles de años que la humanidad es capaz de reconocer la mayoría de los planetas del sistema solar a simple vista. Otra cosa ha sido entender exactamente qué era un planeta. Lo comprenderemos mejor si vamos al origen de la palabra «planeta».

El significado más antiguo de la palabra «planeta» es 'vagabundo', en contraste con las estrellas, que parecían fijas. Esto nos da ciertas pistas de lo que nos podemos encontrar. A simple vista, el aspecto de un planeta viene a ser el de una estrella más o menos brillante (dependiendo del planeta) que sigue un camino, una dirección, diferente de la del resto de las estrellas en el cielo.

Planetas junto a la Luna creciente.

Advertencia antes de continuar: ¡ahora no nos volvamos locos mirando por todas partes a ver si vemos una estrella con vida propia! Los planetas se mueven por un camino muy marcado en el cielo. ¿Se acuerdan de la eclíptica? El camino que recorre el Sol por el firmamento. Pues los planetas siguen ese mismo camino.

Hay cinco planetas visibles a simple vista (de más cerca a más lejos del Sol): Mercurio, Venus, Marte, Júpiter y Saturno. Nuestros antepasados ya los conocían y hablaban de ellos sin saber muy bien

Galileo Galilei.

qué eran. No los identificaban como un mundo, como hacemos con la Tierra. Esta asociación mundo = planeta vino de la mano de Galileo Galilei en 1609. Como ven, es un concepto muy reciente.

Hay planetas más fáciles de observar a simple vista que otros; por ejemplo, Venus, también llamado «la estrella matutina» o «la estrella vespertina», dependiendo de la época en que se mire y de la posición que tenga respecto al Sol. Venus es una estrella muy pero que muy brillante, que podemos ver o bien cuando el Sol se pone o bien cuando el Sol está a punto de salir por la mañana. Estoy seguro de que la mayoría de ustedes la han visto.

Para entender mejor lo que vendrá a continuación, añadiremos varios conceptos nuevos: planetas interiores y planetas exteriores. Los planetas son mundos como la Tierra que orbitan alrededor del Sol. La Tierra es el tercer planeta del sistema solar en distancia a nuestra estrella. Entre la Tierra y el Sol orbitan los planetas Mercurio y Venus. Así pues, Mercurio y Venus son planetas interiores a la órbita de la Tierra. Marte, Júpiter, Saturno, Urano y Neptuno son los planetas exteriores.

Esto quiere decir que Venus y Mercurio siempre se verán muy cerca de nuestra estrella. Venus es fácil de observar; el problema lo tenemos con Mercurio, puesto que su proximidad al Sol hace que sea peligroso para nosotros mirarlo directamente. Podríamos quemarnos los ojos o sufrir lesiones graves si utilizamos instrumental óptico sin los conocimientos y la guía adecuada. Vayan con mucho cuidado.

Si desde la superficie de la Tierra tuviéramos la necesidad de medir distancias entre estrellas, la altura de los planetas o la altura del Sol respecto al horizonte, lo haríamos en grados. De hecho, históricamente, los navegantes han realizado algunas de estas mediciones con el sextante. Hay un sistema más fácil —aunque mucho menos preciso— que para nuestras necesidades astronómicas puede ir muy bien. Hablamos del palmo astronómico. Por una cuestión de simple perspectiva, cualquier mano de persona, tenga la edad que tenga, sea del sexo y de la raza que sea, una vez abierta delante de la cara con el brazo extendido nos marca una medida celeste de 20°. Es un truco muy eficaz para medir distancias angulares en el firmamento.

A simple vista, Mercurio se ve como una estrella no muy brillante que, en los momentos más propicios, está a un palmo de altura sobre el horizonte a la puesta o a la salida del Sol. Venus, en cambio, es una estrella brillantísima que puede llegar a alcanzar una altura de hasta dos palmos sobre el horizonte a la puesta o a la salida del Sol. Como se trata de planetas interiores, si los observamos con el telescopio, veremos que tienen fases, como la Luna. Las fases dependen de la posición relativa respecto al Sol y a la Tierra.

Los planetas exteriores visibles a simple vista son: Marte, Júpiter y Saturno. Recuerden que todos viajan por la eclíptica, el camino del Sol. Como su nombre indica, estos planetas se mueven en unas órbitas externas a la órbita terrestre. Con la invención del telescopio se descubrieron Urano y Neptuno.

Es el momento de añadir otro concepto interesante: el plano orbital del sistema solar. Todos los planetas que giran alrededor del Sol, internos y externos, giran dentro del mismo plano, como si lo hicieran en dos dimensiones. Evidentemente, este plano tiene cierto grosor, pero dentro de la escala astronómica es poco relevante. ¿Por qué explico esto? Porque todos los planetas que viajan por la eclíptica lo hacen a una altura similar. Mercurio y Venus siempre están cerca del Sol y vemos que suben o bajan, pero durante el día (momento en que no los podemos ver a simple vista) viajan a la misma altura, sobre el horizonte, que Saturno, Marte o Júpiter.

Empieza a quedar claro dónde podemos encontrar los planetas en el firmamento, ¿verdad?

Marte es una estrella brillante de un color rojo inconfundible. Es un planeta que, debido a su órbita, podemos ver muy bien cada dos años aproximadamente. Tiene una ventana de observación telescópica de algunas semanas, y durante ese tiempo este astro está más cerca de la Tierra y se ve mayor. Es entonces cuando es más brillante. Antes y después, su brillo languidece, y uno tiene que fijarse muy bien, día tras día, para no perderlo de vista. Marte era un planeta que traía de cabeza a nuestros antepasados. Tiene un movimiento retrógrado muy curioso que rompía todos los esquemas de los astrónomos de la antigüedad.

Júpiter es el rey de la noche. Puede llegar a ser casi tan brillante como Venus y está tan lejos que tarda mucho en

Marte.

Júpiter.

viajar de una punta a otra del cielo. Esta condición hace que nuestros antepasados lo identificaran con el dios de los romanos. Se ve como una estrella blanca-amarillenta que transita por la noche y que puede llegar a ser visible durante seis horas, a una altura sobre el horizonte de unos tres palmos astronómicos o más.

Saturno es el planeta más alejado que podemos ver a simple vista. Mitológicamente, Saturno era el padre de Júpiter y reinaba en el cielo detrás de su hijo.

Saturno tiene muchos atributos similares a Júpiter, pero es algo más lento y algo menos brillante. De color amarillo-anaranjado, suele estar cerca de su hijo.

Saturno.

Ahora es el momento de instalar la aplicación **Stellarium Mobile** en su or-
denador o en su móvil. Nos ayudará a reconocer el cielo de su lugar de observación en tiempo real.

# Estrellas

Las estrellas son masas gigantescas de gas incandescente, normalmente hidrógeno o helio, que están en equilibrio. Por un lado, el peso de toda su masa, por una cuestión de gravedad, tiene tendencia a caer hacia el centro de la estrella y colapsarla; por otro lado, las explosiones nucleares en el núcleo de la estrella intentan expandirla. Este tira y afloja es el mecanismo vital de todas las estrellas.

Si miramos el cielo estrellado, veremos que las estrellas tienen colores diferentes: azules, blancas, amarillas, anaranjadas y rojas. El color de la estrella nos indica su temperatura. Las azules son las más calientes y, después, vendrían las blancas, las amarillas y las anaranjadas, que son algo más frías. Las rojas son las más frías de todas. Aunque decir que una estrella roja es fría, teniendo en cuenta los 3000 o 3500 grados Kelvin de temperatura de su superficie, tal vez sea decir demasiado.

## Cuadro de temperaturas

| Clasificación | Color estrella | Temperatura (K) | Ejemplo |
|---|---|---|---|
| O | Azul-violeta | 40.000-25.000 | S Monocerotis |
| B | Blanco-azul | 25.000-11.000 | Spica |
| A | Blanco | 11.000-7.500 | Vega |
| F | Blanco-amarillo | 7.500-6.000 | Proción |
| G | Amarillo | 6.000-5.000 | Sol |
| K | Naranja | 5.000-3.500 | Arturo |
| M | Rojo | 3.500-3.000 | Betelgeuse |

¿Cuántas estrellas podemos ver en el cielo? Pues, en primera instancia, eso depende de las condiciones atmosféricas y de iluminación. Está claro que desde una ciudad o desde zonas excesivamente iluminadas se ven pocas estrellas, solo las más brillantes. El brillo de la Luna también influye. Ahora bien, si encontramos una zona aislada, en medio del campo, sin luces, sin Luna, sin nubes... ¡será la noche perfecta! A simple vista, en el hemisferio norte podríamos llegar a ver unas 2500 estrellas.

Además de las limitaciones atmosféricas y de contaminación lumínica, nuestro ojo tiene una limitación: no podemos ver estrellas a simple vista a partir de cierta debilidad de brillo. Es lo que llamamos «magnitud estelar aparente». El límite de nuestro ojo está en torno a la magnitud 6, que es lo que consideramos una estrella muy débil. En orden de brillo, tenemos las muy brillantes, de magnitud 0 (como Vega, Capella o Arturo), y otras estrellas, de magnitudes 1, 2, 3, 4, 5 y 6. Las magnitudes no son puras ni exactas. Una estrella puede ser de magnitud 1.34, o de magnitud 4.6. Y también hay estrellas más brillantes que la magnitud 0. Entonces, se dice que tienen una magnitud negativa: –0.56 o –1.45, por ejemplo. Con la invención del telescopio, se descubrieron estrellas más débiles y se añadieron los grupos de magnitud 7, 8, 9...

**MATEMÁTICAS** La magnitud es una escala medible y cuantificada. Se ha determinado que la diferencia de brillo entre una estrella de cualquier magnitud es 2.5 veces más brillante que otra estrella de magnitud inferior. Así pues, una estrella de magnitud 1 es 100 veces más brillante que una de magnitud 5.

*Cielo urbano versus cielo oscuro.*

Nuestro Sol tiene una magnitud aparente de -27.

El objeto más débil observado por el telescopio espacial tiene una magnitud aparente de +30.

**MATEMÁTICAS** Que una estrella sea muy brillante no quiere decir necesariamente que esté más cerca; ni lo contrario. Veamos un ejemplo muy ilustrativo del cielo de verano. Tres estrellas muy brillantes que coronan el cielo y que, si las unimos, forman lo que llamamos «el triángulo de verano»: Deneb, de magnitud 1.25; Vega, de magnitud 0; y Altair, de magnitud 0.75. Son estrellas de brillo muy similar. ¿A qué distancia están de nosotros? Vega, a 25 años luz; Altair, a 16 años luz; y Deneb, a 1400 años luz. Esto nos indica que Deneb es una estrella gigante, con un radio de 210 estrellas como el Sol, y que brilla tanto que parece que esté muy cerca.

Cuando observamos el cielo estrellado vemos puntos aislados, las estrellas; pero el concepto de unidad no sería la manera más precisa de definir una estrella. La mayoría de las estrellas del universo son sistemas dobles y, a veces, triples: dos o más estrellas orbitando entre sí. Ahora mismo hay catalogadas más de 100 000 estrellas dobles.

La estrella más próxima al Sol se llama Alfa Centauri. No es visible a simple vista, es de magnitud 11, y solo se puede ver desde el hemisferio sur. Alfa Centauri forma parte de un sistema triple de estrellas.

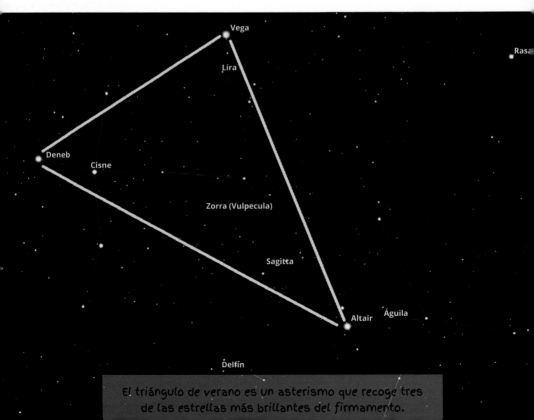

El triángulo de verano es un asterismo que recoge tres de las estrellas más brillantes del firmamento.

# Constelaciones

Ahora viene un momento importante dentro de la astronomía: reconocer las constelaciones del cielo. Busquen un lugar oscuro y tranquilo, un lugar donde se vea toda la bóveda celeste. Huyan de luces de ciudad, lunas llenas y nubes. Túmbense en el suelo y miren hacia el cielo. ¿Qué ven? Un sinfín de estrellas sin orden ni concierto, ¿verdad? Es abrumador. Les hará falta una ayudita para seguir adelante. Pero no desfallezcan, ahora aprenderán unos trucos que les salvarán la observación.

Las constelaciones son grupos de estrellas, generalmente brillantes o bastante brillantes, que la humanidad ha unido imaginariamente para formar figuras en el cielo. Estas figuras simbolizan animales, personajes mitológicos y otras cosas que, por mucha imaginación que pongamos, no seremos capaces de determinar sin ayuda. Pero todo es empezar. Entre estas estrellas no hay ningún vínculo físico ni místico. Sería un poco como el pasatiempo aquel de unir puntos para ver qué figura sale. A los astrónomos aficionados las constelaciones nos ayudan a localizar estrellas y objetos observables con telescopio o prismáticos.

Al principio se hace un poco difícil distinguir unas constelaciones de otras. Hay que tener un poco de paciencia.

Capella

Cochero (Auriga)

Alnath

Tauro

Aldebarán

Géminis

Bellatrix

Orión

Pólux

Betelgeuse

Alnilam

Rigel

Liebre (Lepus)

Can Menor

Unicornio (Monoceros)

Proción

Hay que tener claras algunas cosas antes de continuar: a causa de la rotación de la Tierra, el cielo parece que se mueva de este a oeste. Y se mueve a una velocidad angular de 15 grados cada hora, lo cual es muy fácil de medir. Además, nuestro planeta gira alrededor del Sol en un movimiento de traslación, hecho que origina las distintas estaciones del año. Si sumamos estos dos movimientos, vemos una cosa importante relacionada con las constelaciones: cada época del año tiene unas constelaciones diferentes. Hay constelaciones de primavera, de verano, de otoño y de invierno.

Nuestros antepasados las veían así. Para ellos era mucho más fácil, pues los cielos eran mucho más oscuros que ahora. Las estrellas, literalmente, llenaban el cielo.

Capella

Cochero (Auriga)

Alnath

Tauro
Aldebarán

Géminis

Pólux

Bellatrix
Orión
Betelgeuse

Alnilam

Rigel

Liebre (Lepus)

Can Menor
Unicornio (Monoceros)
Proción

En el hemisferio norte, las constelaciones más importantes son:

- **Invierno:** Orión, Tauro, Can Mayor, Cochero, Géminis, Cáncer...

- **Primavera:** Boyero, Leo, Virgo, Cabellera de Berenice...

- **Verano:** Sagitario, Escorpio, Hércules, Cisne, Águila, Lira...

- **Otoño:** Pegaso, Andrómeda, Perseo, Triángulo, Aries...

Hay una serie de constelaciones que se ven todo el año; son las constelaciones circumpolares. Pronto veremos que el cielo se mueve y que la estrella polar (Polaris) es el eje de rotación del cielo. Todo el cielo gira a su alrededor. Esto hace que algunas constelaciones giren alrededor de la polar en el sentido contrario a las agujas del reloj, siendo visibles todo el año: la Osa Mayor, la Osa Menor, Casiopea, Cefeo, el Dragón, Perseo, el Lince y la Jirafa...

Hasta ahora solo hemos hablado del hemisferio norte; pero si sumamos todas las constelaciones de ambos hemisferios, nos encontraremos con la cifra oficial de 88 constelaciones catalogadas y aceptadas por la International Astronomical Union (IAU).

Las constelaciones del hemisferio norte son las más antiguas. Algunas de ellas pueden tener una antigüedad de unos 4000 años, lo cual denota el interés de nuestros antepasados por la observación del cielo. La mayoría vienen de la antigua Grecia, de Roma y, las más antiguas, de Babilonia, India y Egipto. Las que vemos ahora en el hemisferio norte son una mezcla milenaria de culturas. Las del hemisferio sur son muy recientes, del siglo xv, y fueron definidas por los navegantes que descubrían nuevas tierras tras el descubrimiento de América.

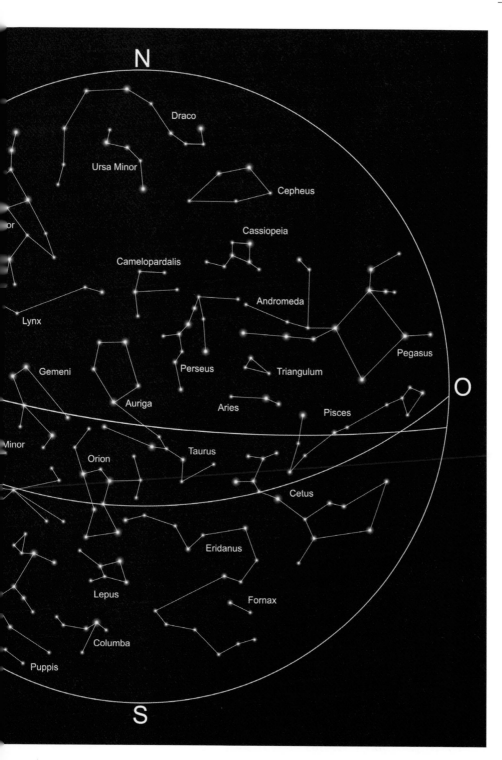

planisferio celeste del hemisferio norte.

Así pues, estamos tumbados en el suelo, por la noche, mirando el cielo. Nos haremos algunas preguntas que servirán para situarnos: ¿qué hemisferio del planeta estoy observando?, ¿qué época del año es?, ¿en qué dirección geográfica estoy mirando? Y la última: ¿qué hora es?

Hay una ayuda imprescindible para reconocer el cielo: un planetario digital. El más sencillo y completo es Stellarium, que pueden descargar de manera gratuita para PC o para teléfono móvil. Es una herramienta imprescindible para conocer bien la bóveda celeste. Stellarium toma la localización y la hora del teléfono, de la tableta o del PC, y le muestra el cielo que tiene sobre la cabeza en ese mismo momento. Solo tiene que identificar los puntos cardinales y empezar a reconocer estrellas y constelaciones.

Las constelaciones zodiacales son las que están atravesadas por la eclíptica, el camino del Sol en el cielo. Fueron nuestro primer calendario astronómico.

Si ve alguna estrella brillante en un lugar donde no le corresponde, recuerde: podría ser un planeta.

Si utiliza el teléfono para ayudarse en las observaciones, le recomiendo que baje la intensidad de la luz de la pantalla al mínimo, para que no le deslumbre. Muchas veces está la opción de poner la pantalla en rojo, cosa que también evita los deslumbramientos.

La cultura occidental tiene sus bases en la cultura griega clásica. Podríamos decir que el cielo que hemos heredado es el mismo que conocieron los griegos antiguos. Quiero destacar que hay varias culturas con un patrimonio astronómico muy importante, a nivel de constelaciones, que ha sido obviado: China, Egipto, los mayas... Todas ellas, incluyendo la griega que hemos heredado, parcelaron el cielo para poder medir con precisión el paso del tiempo. Si tiene curiosidad por saber cómo era el cielo de estas y otras civilizaciones, lo puede ver representado en el planetario **Stellarium**.

# El reloj cósmico

A muchas personas, lo de mirar la bóveda celeste, ya sea de día o de noche, les parece una cosa muy especial, casi mística. El espacio, el universo y todo lo que esto comporta en nuestra era, la era del conocimiento, va más allá de la utilidad que tenía el cielo para nuestros antepasados. Para ellos, la bóveda celeste, tanto de día como de noche, no era nada más que un gran —y muy práctico— reloj cósmico.

Los conceptos de día y noche nos vienen dados por el Sol. El concepto de mes, por la Luna y sus fases. El concepto de año, por las estrellas y el paso reiterado del Sol por encima de algunas constelaciones. El concepto de día de 24 horas va muy ligado a la fuerza de atracción de la Luna, que ha conseguido frenar la rotación terrestre a lo largo de millones de años.

A corto plazo, podemos fijarnos en las medidas astronómicas para calcular el paso del tiempo. Pero estas van sumando pequeñas variaciones, de manera que, en unos miles de años, podríamos encontrarnos con que el comienzo y el final de las estaciones variaran tanto que fueran difíciles de reconocer. La humanidad se ha encargado de pulir estos pequeños desfases en beneficio propio.

Por ejemplo, la duración exacta de la rotación de la Tierra es de 23 horas, 56 minutos y 4.1 segundos. La Luna tarda 27 días, 8 horas y 43 minutos en orbitar completamente la Tierra, pero entre una luna nueva y la siguiente tarda 29.53 días. La Tierra tarda exactamente 365.25 días en orbitar el Sol. Ya ven que el paso del tiempo —el tiempo siempre constante de reloj y calendario—, a pesar de tener un origen «celestial», se ha convertido en una convención social a escala mundial.

Si nos centramos en la observación astronómica, estos pequeños desfases hacen que el cielo cambie a lo largo de los meses. Cada época del año tiene unas constelaciones diferentes en el firmamento. Para que conste y no quepa ninguna duda: el cielo (estrellas y constelaciones) está quieto; somos nosotros (la Tierra) quienes nos movemos. Los dos movimientos más importantes de la Tierra son: rotación y traslación. El movimiento de rotación puro de la Tierra hemos dicho que era de 23 horas y 56 minutos. Es lo que llamamos «tiempo sidéreo». Pero el movimiento de rotación de la Tierra respecto al Sol es de 24 horas. Esto se debe al hecho de que la Tierra gira sobre su propio eje y también gira alrededor del Sol. El movimiento de traslación alarga la rotación de la Tierra respecto al Sol. Es lo que llamamos «tiempo solar».

La diferencia entre el tiempo solar y el tiempo sidéreo es de 4 minutos. A efectos prácticos, esto significa que el cielo estrellado avanza cada día 4 minutos. Lo podemos comprobar tomando una estrella de referencia en el cielo y comprobando su posición a una hora concreta (con la ayuda de una antena lejana o del vértice de un edificio) durante dos días correlativos.

El movimiento aparente del cielo es de unos 15° cada hora. Si extendemos el brazo delante de la cara y abrimos la mano, ese palmo representa unos 20° aparentes en el cielo. Si contamos los 4 minutos de desfase diario y los multiplicamos por 30 días, 4 × 30 = 120 minutos. Tenemos 2 horas de desfase mensual, unos 30° de movimiento aparente. Si lo multiplicamos por 12 meses, 12 × 30 = 360°. Tenemos una vuelta entera del firmamento cada año y volvemos a empezar la rueda. He aquí el movimiento aparente del cielo a lo largo del año.

Los ortos (salidas) de la Luna también varían de un día para otro. La Luna sale cada día entre 20 minutos y media hora más tarde. Esto hace que entre luna nueva y luna creciente se ponga relativamente temprano por la noche; cuando es llena está visible toda la noche, y cuando es menguante sale cada vez más tarde. Sabiendo esto, podemos programar nuestras observaciones astronómicas.

Los astrónomos también medimos el paso del tiempo en hora solar o tiempo universal (TU). El TU se calcula de manera muy sencilla: es el horario oficial civil restándole una hora en invierno y dos en verano. De este modo, trabajamos con un tiempo igual en todo el país (hay países, sin embargo, que son tan extensos que tienen varias franjas horarias).

## El cuentaestrellas

Mirando la bóveda celeste estrellada, podemos preguntarnos: ¿cuántas estrellas hay en el cielo? Aunque, a decir verdad, la pregunta correcta sería: ¿cuántas estrellas puedo ver en el cielo?

En condiciones ideales, sin contaminación lumínica, ni nubes, ni luna llena, si sumamos todas las estrellas que podríamos ver a simple vista en todo el mundo (sumando los dos hemisferios), veríamos unas 8500 estrellas. Todas las estrellas hasta la magnitud 6, que es la magnitud límite que puede ver el ojo humano.

Si lo separamos por hemisferios, veríamos unas 2500 estrellas en el hemisferio norte, que es el nuestro. Pero tiene que ser en una noche transparente y oscura, sin contaminación lumínica. Si hacemos la prueba en la ciudad, quedaremos decepcionados.

Les propongo un experimento. Fabricaremos un artefacto que nos ayudará a comprobar si estos números son correctos. Haremos un contador de estrellas. Es muy fácil de hacer. Necesitamos una cartulina gruesa del tamaño de una cuartilla. Dibujaremos, con la ayuda de un compás, una circunferencia de 12 cm de diámetro y la recortaremos con mucho cuidado. En la parte inferior de la cartulina haremos un agujero pequeño por el que pasaremos un trozo de cordel o lana de unos 40 cm de longitud. Haremos un nudo de tope y otro nudo a 30 cm de distancia de la cartulina. Observen las imágenes para entender la construcción.

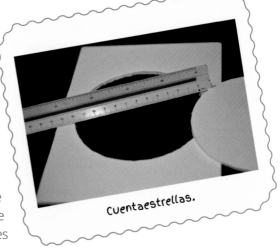

Cuentaestrellas.

¿Cómo lo utilizamos? Busque un lugar muy oscuro y sin contaminación. Compruebe que no haya nubes que tapen el cielo. Las condiciones tienen que ser perfectas. Aclimate la vista a la oscuridad un ratito. Tiene que poner la cartulina delante de la cara (fíjese en las imágenes); el cordel bien tensado le dirá que la tiene a 30 cm de la cara. Apunte hacia cualquier zona del cielo y cuente las estrellas que vea dentro del agujero. Repita la operación en varias zonas del cielo y saque la media. Multiplique el resultado por 100. El resultado final es una aproximación a las estrellas que se pueden ver en TODA la bóveda celeste. Evidentemente, la cifra variará según las condiciones del cielo. Repita la experiencia en diferentes meses del año.

# Cómo encontrar la estrella polar en la bóveda celeste

Esta estrella solo se puede ver en el hemisferio norte. Es decir, si usted está en Argentina o en la Antártida, ni se plantee buscarla.

La polar es una estrella discreta, de magnitud 2.2, situada en la cola de la Osa Menor, y nos marca la posición del norte celeste. Es una buena guía para excursionistas y navegantes, y se ha utilizado desde hace siglos para orientarnos en el hemisferio norte.

La estrella polar, cuyo nombre propio es Polaris, es la estrella que señala el eje de rotación de la Tierra. Cuando el eje de rotación se mueve (lo hace muy despacio y continuamente), la estrella polar cambia. Hace 4800 años, la estrella polar era Thuban (α Draconis), y en un futuro lejano, en el año 13 600, la estrella polar será la brillantísima Vega (α Lyrae). Hay épocas en las que el eje de rotación no señala directamente ninguna estrella; de hecho, actualmente la polar está a unos 50 minutos de la posición teórica real, pero por convención se le asigna la estrella más próxima. Polaris ostenta el título de estrella polar desde hace más de 1000 años, a causa de su brillo.

¿Cómo podemos encontrar la polar en el cielo? Daremos unas cuántas pistas para hacerlo con facilidad. Si sabe situarse bien geográficamente hablando y sabe dónde está ubicado el norte geográfico, tiene mucho ganado. Pero lo explicaremos para quienes no tengan esta capacidad de situarse. Podemos utilizar una brújula. Hay aplicaciones de móvil gratuitas que nos ayudarán; y si no, una brújula de aguja de toda la vida. Buscaremos una zona oscura y con un horizonte limpio. Un valle hondo en medio de las montañas no sería el lugar ideal.

La estrella polar SIEMPRE está situada en la latitud del lugar de observación. Esto significa que la altura de la estrella es la latitud. Con el GPS del móvil pueden saber su latitud. Otra pista: siempre está en el norte y no se mueve. De hecho, la estrella polar es el eje de rotación de todas las estrellas del cielo. Todas las constelaciones giran alrededor de la polar.

Cogemos la brújula y nos colocamos mirando hacia el norte. Sabiendo la latitud, calcularemos la altura... No se asusten, es fácil. Hemos comentado antes que si extendemos el brazo (tanto como podamos) delante de la cara y abrimos la mano, ese palmo son 20° grados aparentes del cielo. Sabiendo que la latitud de Barcelona y sus alrededores es de 41°, solo tenemos que hacer dos palmos sobre el horizonte (no vale hacer los palmos sobre las montañas; tienen que calcular dónde está el horizonte, aproximadamente), y allí estará la polar.

Si la primera vez no les sale, no pasa nada. Pueden utilizar una aplicación de planetario en el teléfono móvil para encontrarla. Estoy seguro de que la mayoría de ustedes la encontrarán a la primera.

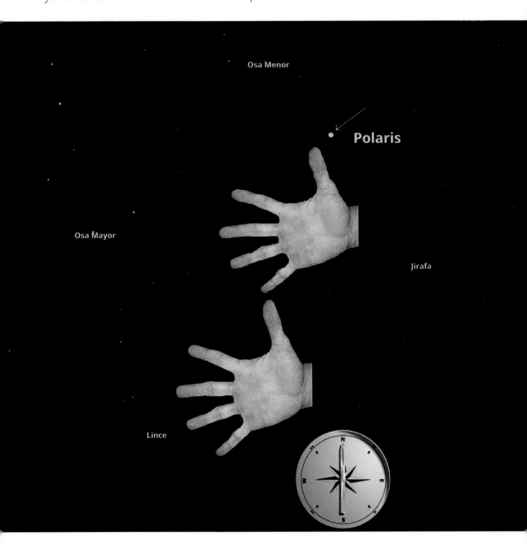

# Nuestra primera fotografía del cielo

Debido a la rotación de la Tierra, tenemos la sensación de que la bóveda celeste se mueve. Ya hemos dicho que este movimiento de este a oeste se puede medir con la ayuda de la mano abierta. Cada hora, el cielo se desplaza 15°. O sea, que cada dos horas se desplaza aproximadamente un palmo y medio. El día que miremos por un telescopio nos daremos cuenta de que, si este no tiene un motor de seguimiento que contrarreste el movimiento de la rotación de la Tierra, las estrellas se mueven muy rápidamente en el campo de visión del ocular.

Este movimiento podemos fotografiarlo con mucha facilidad. Solo hace falta una cámara fotográfica que pueda configurarse en modo manual, un trípode y un disparador remoto. Pero si quiere una fotografía realmente interesante, le propongo que apunte hacia la estrella polar.

He aquí la técnica:

1. Elegiremos un lugar oscuro, sin contaminación lumínica; si es posible, un día que no haya Luna en el cielo. Sobre todo, que el cielo esté raso, sin nubes. Colocaremos la cámara fotográfica sobre el trípode y apuntaremos a ojo hacia el norte. Identificaremos la polar y moveremos la rótula del trípode hasta que el objetivo apunte más o menos hacia la polar.

2. Pondremos la cámara en modo manual. Conectaremos el disparador remoto. Da igual que sea réflex o compacta, mientras se pueda configurar de la siguiente manera: el *zoom* del objetivo lo pondremos en modo gran angular. Pondremos el diafragma tan abierto como sea posible (son los números más pequeños: 1.2, 1.8, 3.2, 4...). La ISO (sensibilidad) de la cámara la pondremos a 400, e incluso podríamos probar a 800 o más. Desconectaremos el *flash* de la cámara, para que no se dispare. Como punto de partida, sobre todo si es una réflex, pondremos el enfoque en modo manual, y el anillo de enfocar que marque el símbolo de

infinito. Este es el punto de partida para enfocar las estrellas. Haremos una foto de un segundo de exposición y miraremos el resultado por la pantalla del visor.

El objetivo fotográfico tiene que mirar en dirección a la polar.

3. Una vez hayamos conseguido que las estrellas sean puntuales, comprobaremos que ninguna luz externa ilumine la cámara. Pondremos la cámara a 20 segundos de exposición y haremos una fotografía. El resultado tiene que ser una imagen del cielo estrellado bastante puntual, porque a 20 segundos con gran angular no detecta el movimiento del cielo. Es importante utilizar el disparador remoto para que no haya vibraciones que se transmitan a la cámara y estropeen la fotografía. No hay que tocar la cámara en ningún momento una vez se haya pulsado el disparador. Tampoco podemos ponernos delante del objetivo abierto mientras hacemos la fotografía.

4. Terminaremos de encuadrar la estrella polar y haremos tiempos de exposición más largos. Algunas cámaras tienen el tope entre los 20 y los 30 segundos de exposición (recuerden que está en modo manual). Para ello, tenemos que ir al modo llamado Bulb. El Bulb abre el disparador cuando se pulsa el botón y lo cierra cuando se vuelve a pulsarlo. Calcule el tiempo con un reloj. Haga una imagen de un minuto, de dos minutos, de tres minutos. ¿Qué ocurre en la imagen?

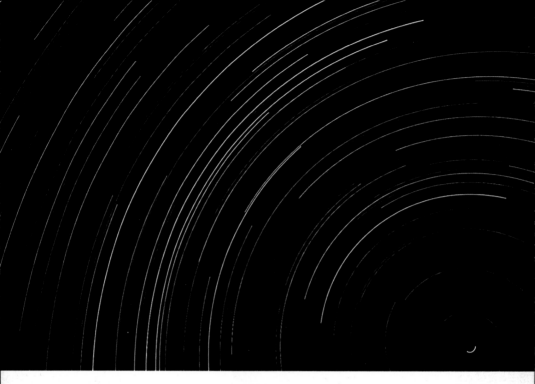

**Fotografía circumpolar.**

Verá que las estrellas empiezan a dejar un rastro. Ya no son puntuales. Si hace una exposición suficientemente larga, y tiene el objetivo apuntando hacia la polar, verá que salen unas líneas concéntricas. Y en medio estará la polar, inmóvil. Puntual. Es lo que llamamos una fotografía circumpolar.

Si quiere que el efecto se note con exposiciones más cortas (de solo dos o tres minutos), ponga un poco de *zoom* en el objetivo. Cuanto más largo sea, más aumento y más largo será el trazo de la estrella.

En el polo norte veríamos la estrella polar en el cenit y todo el cielo girando a su alrededor.

Con esta fotografía ha fotografiado el movimiento de rotación de la Tierra. Si le pone un poco de imaginación, puede conseguir fotografías circumpolares muy bonitas.

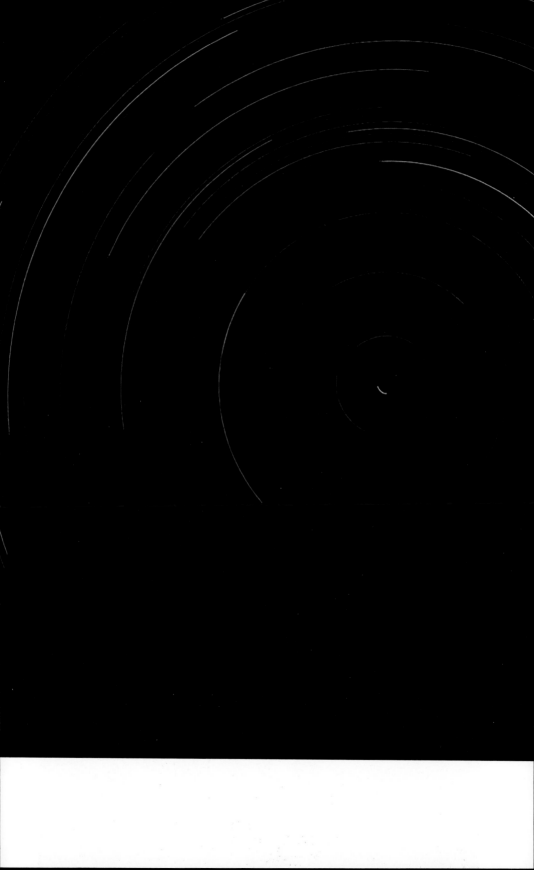

# Cómo fotografiar la Vía Láctea

La Vía Láctea es el río brillante de estrellas que representa el corazón de nuestra galaxia. La parte más espectacular se empieza a ver a última hora de la noche durante la primavera, mirando hacia el sur. A medida que avanza el verano, se ve cada vez más derecha y más temprano. Y es tanto o más fácil de fotografiar que la estrella polar.

Utilizaremos la misma técnica de enfoque y encuadre. Las mismas ISO y las mismas velocidades de obturación. Gran angular, ISO alta, enfoque manual, entre 20 y 30 segundos de exposición. Si disponemos de montura con seguimiento, podemos alargar el tiempo de exposición hasta dos o tres minutos.

Aquí les dejo algún ejemplo de lo que pueden hacer ustedes mismos. ¡Buena suerte!

## Prismáticos

La mayoría de la gente cree que hacer astronomía es muy complicado y que se necesita un material muy caro. Pero para empezar no necesitamos un telescopio. De hecho, podemos estar mucho tiempo haciendo astronomía visual sin ningún aparato. Observar el cielo, entenderlo y saber distinguir todas las constelaciones ya nos ocupará mucho tiempo. Pero, si tiene ganas de hacer alguna observación astronómica con aparatos, le propongo una posibilidad muy económica y sencilla: los prismáticos.

Los prismáticos son el segundo paso en la observación astronómica, aunque hay muchos aficionados que empiezan la casa por el tejado. Sería el caso de alguien a quien le han regalado un telescopio y no sabe qué hacer con él. Ya hablaremos de ello; ahora toca hablar sobre los prismáticos. Si ya tienen unos, no hay que hacer gasto; aprovechémoslos. Algunos son mejores que otros para hacer astronomía, pero se puede hacer con cualquier aparato, por sencillo y económico que sea.

Los prismáticos son dos pequeños telescopios unidos por un puente que nos dan una visión estereoscópica. De ese modo, aprovechamos la capacidad del género humano de integrar las dos imágenes que se están viendo (una por cada ojo) en una sola dentro del cerebro. Sería lo que habitualmente llamamos «visión». Las partes importantes de un prismático son: lente objetivo, prisma y lente ocular. El prisma sirve para enderezar la imagen y ver de forma normal a través de las ópticas. Si no hubiera prisma, veríamos las imágenes boca abajo.

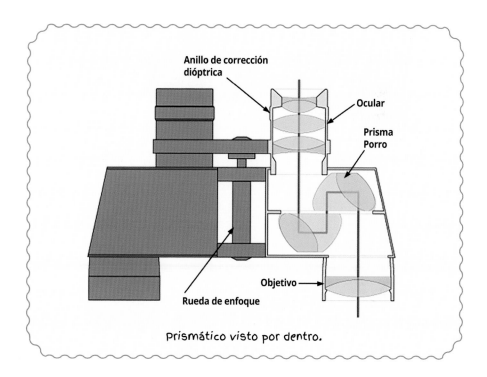

Prismático visto por dentro.

Si se fijan, los prismáticos tienen unos números grabados. Por ejemplo: 7×50, 8×42 o 25×100. El primer número son los aumentos del aparato, las veces que amplía los objetos hacia los cuales apuntamos. El segundo número es el diámetro de la óptica principal; cuanto más grande, mejor para astronomía. También tienen una rueda central, en el puente, que sirve para enfocar, y una rueda en uno de los ojos para poder graduar perfectamente el aparato. Si llevan gafas, no se las quiten. Muchos prismáticos ya tienen una goma protectora en el ocular.

Si ya conoce el cielo a simple vista, y si es capaz de encontrar planetas, de localizar las estrellas más importantes y de empezar a reconocer las constelaciones, los prismáticos le permitirán localizar y observar cosas nuevas. Hablamos de los objetos de cielo profundo: galaxias, nebulosas, cúmulos abiertos y cúmulos globulares... Hay material y objetos para observar durante todo el año. He aquí unos cuántos.

**Lista de objetos para observar con prismáticos según la época del año**

*Finales de verano y principios de invierno*

- Doble cúmulo abierto en Perseo: fácil de localizar y de observar con prismáticos o telescopios pequeños. Dos cúmulos muy juntos que parece que se están tocando. En la constelación de Perseo.

- Pléyades: cúmulo abierto visible a simple vista, muy extenso, sobre la constelación de Tauro.

- Las Híades: cúmulo abierto visible con prismáticos, muy extenso, dentro de la constelación de Tauro.

- Galaxia de Andrómeda: visible a simple vista en lugares muy oscuros; con prismáticos es una preciosidad. En la constelación de Andrómeda.

- Nebulosa de Orión: se percibe a simple vista, mejor con prismáticos o con pequeños telescopios. En la constelación de Orión.

- Cúmulos abiertos M36, M37 y M38: visibles con prismáticos y con pequeños telescopios, en la constelación del Auriga.

- Galaxias M81 y M82: se observan muy juntas en el mismo campo de los prismáticos o de telescopios pequeños. Situadas en la Osa Mayor, son circumpolares y se pueden observar siempre que la constelación esté bien situada en el cielo.

### Finales de invierno y primavera

- Cúmulo abierto M35: visible con prismáticos y pequeños telescopios, en la constelación de Géminis.

- Cúmulo abierto M44, el Pesebre: se puede ver a simple vista como una mancha brumosa; es espectacular con prismáticos o a simple vista. En la constelación de Cáncer.

- Cúmulo abierto Mel 111: muy grande y extenso, a simple vista y con prismáticos. En la constelación de la Cabellera de Berenice.

### Verano

- Nebulosa de la Laguna: en lugares muy oscuros se detecta a simple vista. Con prismáticos y telescopio se ve una nebulosa irregular de la medida de la luna llena. En la constelación de Sagitario.

- Nebulosa planetaria Dumbbell: si el lugar es oscuro y no hay luna, podemos intentar observar con prismáticos (si son de muchos aumentos, mejor) esta nebulosa planetaria, que es bastante grande. En la constelación de la Raposa.

- Cúmulo globular de Hércules: fácil de localizar con prismáticos y con aspecto de estrella desenfocada y un poco gruesa. Con telescopio es, simplemente, una maravilla. En la constelación de Hércules.

- Cúmulo abierto Patos Salvajes: conocido también por su entrada en el catálogo de Messier como M11. Con prismáticos y pequeños telescopios parece una bandada de patos en formación. En la constelación del Escudo.

Si hacemos astronomía en grupo, es muy importante poner los prismáticos en un trípode. Así podremos localizar objetos curiosos del cielo y enseñarlos a nuestros acompañantes sin tener que dar indicaciones de hacia dónde mirar. Si usamos unos prismáticos gigantes, necesitaremos una ayuda para localizar los objetos: el buscador. El buscador puede ser óptico, láser o por proyección de punto rojo. Lo veremos en detalle en el siguiente apartado, cuando hablemos de telescopios. Son elementos comunes a ambos tipos de aparatos.

En el mercado existen unos adaptadores de teléfono móvil a telescopio. Estos adaptadores también se pueden utilizar con los prismáticos. Son sencillos de usar y muy económicos. La Luna es un buen objetivo para hacer pruebas. Verá qué fácil es. Un requisito indispensable es que los prismáticos estén montados en un trípode muy sólido. Tiene que colocar el aparato en el ocular del binocular que tenga enfoque individual. Antes de colocar el teléfono, tiene que enfocarlo tan bien como sea posible. Montamos el móvil y centramos el objetivo de la cámara dentro del campo del ocular. Con el ocular que queda libre, apuntaremos hacia la Luna. Abriremos la aplicación de la cámara y tocaremos la pantalla, sobre la Luna, para que el teléfono la enfoque. Puede ampliar la imagen tocando la pantalla. Cuando esté a su gusto, ¡dispare!

Este mismo sistema se aplica a los telescopios. Ya ve, los prismáticos son una buena escuela de aprendizaje.

Si tiene una impresora 3D, seguro que encuentra algún proyecto para hacerse un adaptador usted mismo.

# TelescopioS

Hablaremos solo de telescopios de iniciación.

Cuando empezamos a hacer observación astronómica, cualquier modelo de telescopio nos irá bien. Con el tiempo y la práctica veremos qué modelo de telescopio es mejor para hacer el tipo de observación astronómica que nos guste más.

Hay varios tipos de telescopio. Se diferencian por su óptica. Los modelos más comunes son: el refractor, el reflector, el Schmidt Cassegrain y el Maksutov.

¿Qué los diferencia?

El refractor es el tipo larga vista. Es el telescopio primigenio, el que utilizó Galileo Galilei en sus observaciones en el siglo xv. Consta de una lente objetivo, un tubo muy largo y una lente ocular. La luz entra por la lente objetivo, se refracta (de aquí su nombre) y se vuelve a concentrar de forma invertida en el ocular. Si enfocamos el ocular, veremos las imágenes boca abajo. Dependiendo de la calidad de la óptica, podemos ver algún defecto cromático (halos de color azul y rojo a causa de la refracción) en la imagen resultante. Este defecto se puede corregir con lentes y pulidos de alta calidad, pero encarece el precio del telescopio. Aun así, este defecto, habitual también en los prismáticos, es tolerable y puede pasar desapercibido a ojos no expertos.

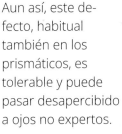

Telescopio refractor.

El telescopio reflector también es conocido como telescopio Newton, en homenaje a su inventor, Sir Isaac Newton. El funcionamiento de este instrumento se basa en la reflexión de espejos. La luz entra por la boca del tubo y viaja hasta el fondo. Allí se refleja en un espejo parabólico, llamado espejo principal o primario, en dirección hacia la entrada del tubo. Este espejo principal tiene un tratamiento reflectante muy eficiente. Esta luz concentrada vuelve a reflejarse en un espejo más pequeño, que se encuentra en medio de la boca del tubo. Es el espejo secundario. La luz va directamente al ocular, que está en la parte superior y lateral del tubo, formando la imagen. Cuando enfoquemos, veremos la imagen invertida (en el eje derecha-izquierda); es lo que se llama «efecto espejo».

Telescopio reflector.

Los telescopios Schmitd y Maksutov, con sus pequeñas diferencias, son una mezcla de los dos tipos anteriores. Ambos tienen una lámina correctora en la entrada del tubo (refracción), un espejo principal (reflexión) y otro secundario (reflexión). La única diferencia es que el secundario refleja la luz otra vez hacia el espejo principal. Este tiene un orificio central que da salida a la luz hacia el ocular. Este sistema hace que la luz viaje más y alarga la distancia focal del telescopio.

Telescopio Schmitd,
también conocido como catadióptrico.

Es importante conocer nuestro telescopio: sus virtudes y sus defectos. El diámetro de apertura de la boca del telescopio dejará entrar más o menos luz, lo cual quiere decir que a más apertura podremos ver objetos más débiles. La longitud del tubo del telescopio es la que nos facilitará que tengamos más o menos aumentos. A más longitud (distancia focal), más aumentos; y a menos longitud, menos aumentos. Recuerden que los Schmitd y los Maksutov tienen una distancia focal que duplica, o triplica, la longitud del tubo. La relación entre la longitud del tubo y su abertura nos dará la luminosidad del telescopio.

El elemento indispensable para formar la imagen en un telescopio son los oculares. Son esos barriletes con óptica que se colocan en el portaoculares. Tienen un número grabado, muy visible, que indica su focal. Los más habituales suelen ser 30, 25, 18, 12, 8, 5...

Los oculares son unas piezas fundamentales.

Si queremos calcular cuántos aumentos nos da cada ocular en cada telescopio, la operación es muy simple. Pongamos por ejemplo un telescopio de distancia focal 1000 mm, sea cual sea el tipo de telescopio; para calcular los aumentos, tenemos que dividir la distancia focal del telescopio en mm por la distancia focal del ocular en mm.

- Un ocular de 25 nos dará 1.000/25 = 40X.

- Un ocular de 12 nos dará 1.000/12 = 83X.

- Un ocular de 5 nos dará 1.000/5 = 200X.

Cuando empecemos la observación, es muy recomendable comenzar con oculares de pocos aumentos e irlos cambiando progresivamente. Una recomendación básica: el número máximo de aumentos que soporta un telescopio suele ser el doble de la apertura de su lente, siempre que las condiciones del cielo acompañen. Por ejemplo, un telescopio refractor de 80 mm de apertura soportará bien unos 160 X. Un telescopio Newton de 200 mm de apertura puede lograr unos 400 X como máximo. Pero ya les avanzo que se verá bastante mal a causa de las condiciones atmosféricas.

Un elemento también muy importante son las monturas que aguantan el telescopio. Las principales son las altazimutales y las ecuatoriales. Las primeras son un trípode clásico con unos mandos de movimientos lentos para dirigir el telescopio hacia donde queramos. Las ecuatoriales son más complejas. Tienen dos ejes: el de ascensión recta, o eje horario, y el de declinación. Es un tipo de montura que se tiene que ajustar a la estrella polar (¿ven por qué le he dado tanta importancia a esta estrella?). Si lo hacemos bien, con la ayuda de un pequeño motor de seguimiento podemos conseguir que las estrellas del campo del ocular permanezcan quietas todo el rato. Si no, se van moviendo y las perderemos de vista en cuestión de segundos.

Montura altazimutal.

Montura ecuatorial.

Montura altazimutal
de seguimiento automático.

Últimamente algunas casas comerciales han sacado monturas altazimutales con un sistema de seguimiento automático. Invirtiendo algo más de dinero, en cualquier tipo de montura podemos conseguir telescopios con un sistema de búsqueda automática de objetos de cielo profundo y planetas. Todas las monturas son compatibles con todos los tipos de telescopio.

Si quiere hacer observaciones de objetos brillantes (Luna, planetas), le recomiendo telescopios refractores. Al tener la focal larga, podremos conseguir más aumentos. Como son objetos brillantes, la apertura más pequeña no será ningún impedimento.

Si quiere hacer observaciones de objetos débiles de cielo profundo (galaxias, nebulosas, cometas), le recomiendo los telescopios de espejo de mayor apertura y de focal más corta. Son más luminosos y nos permitirán observar objetos más débiles que los refractores.

# Cómo apuntar un telescopio

Si con unos prismáticos a veces ya cuesta encontrar los diversos objetos de cielo profundo en el cielo, imagínense con un telescopio. A más aumentos, mayor dificultad. Por eso todos los telescopios vienen con un elemento de ayuda: el buscador.

Diversos tipos de buscadores.

El buscador más utilizado es un pequeño telescopio, con menos aumento que un binocular, que se monta en paralelo y encima del telescopio principal. Con la ayuda de unos tornillos de ajuste, haremos que el buscador y el telescopio principal apunten en la misma dirección.

Lo podemos hacer de día, o bien aprovechando una luz lejana en el horizonte (farola). Enfocaremos bien, tanto el ocular como el buscador, y allí donde apuntemos el buscador encontraremos el objeto en el ocular del telescopio. Empiecen practicando con objetos brillantes, como la Luna. O de día, mirando objetos lejanos tales como árboles, chimeneas o antenas.

Hay otros tipos de buscadores, como el láser que proyecta un rayo visible de color verde o rojo, que nos indica dónde está apuntando el telescopio.

¡MUCHO CUIDADO! NO SE DEBE APUNTAR EL TELESCOPIO O EL BUSCADOR HACIA EL SOL. PODRÍAMOS SUFRIR QUEMADURAS EN LOS OJOS Y QUEDARNOS CIEGOS.

O también los de proyección de punto rojo. Sea cual sea, se debe colimar y alinear con el telescopio principal.

También hay unos complementos que nos permitirán sacarle rendimiento al telescopio, como el prisma cenital, la lente de Barlow (duplicador de focal) o el adaptador de teléfono móvil, del cual ya hemos hablado en el apartado sobre prismáticos.

# Qué observar

Quizás ha llegado el momento de saber qué podemos observar con el telescopio. Las primeras veces le recomiendo que mire la Luna; mejor cuando está creciendo y, sobre todo, la zona entre la parte iluminada y la oscura. Empiece con pocos aumentos, enfoque bien, centre la imagen dentro del ocular y observe. No tenga prisa. Si no tiene motor de seguimiento, tendrá que rectificar la posición a menudo. Cuantos más aumentos, más tendrá que rectificar.

En las páginas anteriores he hablado de algunas aplicaciones que nos serán útiles para observar. Aprovéchelas aquí. Con el telescopio, repase los objetos que ya ha visitado con los prismáticos. Utilice siempre pocos aumentos.

Como complemento de observación, le recomiendo que observe los objetos del catálogo de Messier: 110 objetos brillantes de cielo profundo al alcance de la mayoría de los telescopios de iniciación, 110 objetos repartidos por la bóveda celeste a lo largo de todo el año.

El libro *Nuevo catálogo Messier*, de Joan Manel Bullón, de la colección **Astromarcombo**, nos cuenta la historia de este famoso catálogo. Nos indica cómo localizar los objetos e ilustra el objeto que observaremos con fotografías a color, realizadas por el propio autor. Un libro muy útil para las observaciones prácticas con el telescopio.

# LA ASTRONOMÍA ES...

## ... CURIOSA

En algún momento de nuestra vida nos hemos preguntado de dónde ha surgido todo. Y cuando digo «todo», quiero decir el universo entero. La humanidad se ha hecho esta pregunta desde que tenemos uso de razón. Y, según la época y la civilización, se han dado las respuestas más increíbles que os podáis imaginar. He aquí unas cuantas.

El denominador común eran los dioses, está claro. Y el concepto de «universo» iba muy ligado a la Tierra, como mundo, y a las cosas que la rodeaban. Como ven, un universo muy pequeño. Los antiguos indios (de la India) creían que el universo era un sueño del dios Brahma. Su concepción del mundo era también muy singular: la Tierra, en forma de plato invertido, se sostenía sobre cuatro elefantes, que estaban sobre el caparazón de una tortuga todavía más grande. La tortuga nadaba en el mar de la eternidad, simbolizado por una serpiente que se mordía la cola.

El Génesis bíblico, hace algo más de 2000 años, no se queda atrás en cuanto a planteamiento: Dios creó el universo (recuerden, la Tierra y lo que la rodeaba, un universo pequeño) en seis días, y el séptimo descansó. Aquí entra todo: la luz, la tierra, las aguas, la vida, la humanidad...

Los mayas creían que la Tierra era el lomo de un cocodrilo que descansaba en una laguna llena de nenúfares. De vez en cuando se movía y provocaba un terremoto.

Para los egipcios, Nut era la diosa madre de los cielos. Su propio cuerpo era el cielo: estrellas, planetas, la Luna, el Sol…, todos viajaban por su interior. Se representaba arqueada sobre la Tierra, tocando el horizonte con las manos y los pies.

Y, si rascamos un poco, todavía encontraremos en la antigüedad unas cuantas versiones más sobre el universo y su origen. Les han hecho sonreír, ¿verdad? Con la perspectiva del siglo XXI, parecen leyendas imaginativas e inverosímiles. Pues ahora les explicaré qué dicen las teorías modernas, basadas en la observación, la matemática y la física.

La teoría del Big Bang (gran explosión) argumenta que todo el universo estaba concentrado en un punto extremadamente pequeño y extremadamente caliente. Por poner una medida, diremos que todo el universo estaba concentrado en un átomo. De repente, estalló y, en un segundo, creció hasta alcanzar una dimensión de unos cientos de millones de kilómetros. Durante la expansión, se creó toda la energía, toda la materia, el espacio y el tiempo. Y de todo ello hace «solo» 13.800 millones de años.

Resumiendo, algo de la medida de un átomo creó miles de millones de galaxias, estrellas, planetas, a nosotros y vaya a saber cuántas cosas más, tras estallar y expandirse durante 13.800 millones de años.

Nuestro universo no fue transparente hasta los 380.000 años de vida, momento en el que la luz empezó a viajar libremente.

Casi 200 millones de años más tarde, nacieron las primeras estrellas, y en su interior se empezaron a formar todos los elementos de la tabla periódica.

Y, finalmente, 400 millones de años más tarde, se formaron las primeras galaxias. A medida que se van formando, se agrupan en cúmulos y supercúmulos de galaxias.

Actualmente, el universo tiene una estructura de red. Los cúmulos y supercúmulos están interconectados con materia oscura, hay zonas de mucha densidad y grandes burbujas vacías.

## Galaxias

Una galaxia es un conjunto dinámico y gigantesco de estrellas, polvo interestelar, gas, materia oscura y más cosas que gira, se mueve y está unido por la fuerza de la gravedad.

Decir que es gigantesco es decir poco. Tomamos como modelo nuestra galaxia, la Vía Láctea, que no es ni demasiado grande ni demasiado pequeña, y que tiene un diámetro aproximado de 100.000 años luz. Esto sería más o menos un trillón y medio de kilómetros (1.500.000.000.000.000.000). Para que se entienda, la luz viaja a 300.000 km por segundo. A esta velocidad, tardaríamos unos 100.000 años en ir de una punta a otra de nuestra galaxia.

Se calcula que dentro de nuestra galaxia hay entre 200.000 y 400.000 millones de estrellas.

Galaxia de Andrómeda.

La Vía Láctea gira sobre un eje imaginario que atraviesa su núcleo. Piensen en unos caballitos de feria y en un caballito que gira con toda la atracción de los caballitos. Nuestro Sol y nuestro sistema solar han dado unas veinte vueltas completas en los caballitos de nuestra galaxia. En cada una han tardado unos 225 millones de años. A nuestra estrella le quedan unas 25 vueltas más de caballitos antes de desaparecer.

Se calcula que hay entre 100.000 y 200.000 millones de galaxias en el universo. Es una cifra controvertida porque varía mucho; cada año la cambian. Forman grupos más o menos grandes, como nuestro grupo local, con unas 30 galaxias. Algunas galaxias del grupo local se pueden ver a simple vista o con prismáticos, como la galaxia de Andrómeda, la galaxia del Triángulo o la misma Vía Láctea. El resto son muy pequeñas, pero en el hemisferio sur también podemos ver las Nubes de Magallanes. No está nada mal para empezar, ¿verdad?

Las galaxias interaccionan entre ellas. Es muy habitual que dos o más galaxias del mismo grupo local choquen entre sí. Cuando eso ocurre, la galaxia dominante, o la más grande, acaba absorbiendo a la más pequeña. Es lo que llamamos «canibalismo galáctico». Tenemos constancia de que nuestra Vía Láctea se ha comido a algunas vecinas suyas y las ha acabado integrando a su estructura. De hecho, las estrellas de ambas galaxias se mezclan sin ningún tipo de problema y conviven en una nueva galaxia mayor y con más estrellas.

Pasemos a la práctica. Con cielos relativamente oscuros, podemos llegar a observar galaxias con pocos medios. Con unos simples prismáticos, en el hemisferio norte, podemos observar la gran galaxia de Andrómeda. Es muy fácil de encontrar y de observar. Un trípode nos será muy útil. Situada en la constelación de Andrómeda, es visible desde finales de verano hasta finales de invierno. Forma parte de nuestro grupo local.

Si alguna vez tiene la oportunidad de viajar al hemisferio sur durante el verano austral, tendrá la oportunidad de ver a simple vista dos galaxias más de nuestro grupo local: las Nubes de Magallanes. Con unos prismáticos o un pequeño telescopio, la visión será sublime. Busquen un cielo más bien oscuro.

Un telescopio pequeñito y la ayuda de un planetario digital como la aplicación **SkySafari** nos permitirán observar unas cuantas galaxias más. Nombraremos las más conocidas y fáciles de observar del catálogo Messier. Empezamos por la pareja de galaxias M81 y M82, situadas en la constelación de la Osa Mayor. Con un ocular de pocos aumentos, entre 25 X y 30 X, las encontraremos juntitas en el mismo campo. Se pueden observar las noches de invierno a principios de año.

La primavera es la época de las galaxias. En la constelación de Leo podemos observar el famoso triplete de Leo, formado por las galaxias M65, M66 y NGC 3628. Son visibles en el mismo campo del ocular.

Continuamos en primavera con la M51, también conocida como la galaxia del Remolino. En realidad, se trata de dos galaxias que parece que están interactuando entre sí; un caso de canibalismo galáctico. Está situada en la constelación de los Lebreles, muy cerca de la Osa Mayor.

Galaxias M81 y M82.

Galaxias del triplete de Leo: M65, M66 y NGC 3628.

M51, también conocida como la galaxia del Remolino.

Un barrido de telescopio por la constelación primaveral de Virgo nos dejará boquiabiertos. Centenares de pequeñas galaxias se confunden entre las estrellas. Quizás la más curiosa de ver sería la M104, también conocida como la galaxia del Sombrero.

En pleno verano, si mira hacia la constelación de Sagitario (no hay pérdida, hacia el sur y hacia el horizonte), verá otra galaxia, la Vía Láctea. ¡Nuestra galaxia! A pesar de que estamos dentro, viviendo en ella, no podemos negar que es una galaxia; y muy bonita, por cierto. Ya saben cómo hacer una fotografía de nuestra casa.

# Nebulosas

Como pueden ver, en el cielo no solo hay estrellas. Hemos hablado de la Luna, de los planetas y de las galaxias, y seguiremos con las nebulosas y con alguna sorpresa más.

El universo se está reciclando continuamente y las nebulosas son el mejor ejemplo de ello. Las nebulosas son nubes interestelares formadas por gases, sobre todo hidrógeno y helio, además de partículas de polvo. Y estas concentraciones son la materia prima para hacer nuevas estrellas.

Las nebulosas se concentran, sobre todo, en el plano galáctico de las galaxias; aunque no todas las galaxias tienen nebulosas en abundancia. Las que más tienen son las galaxias elípticas y las espirales.

La gran nebulosa de Orión, la catedral del cielo boreal.

Hay varios tipos de nebulosas. Las brillantes, que reflejan la luz de otras estrellas, o que brillan cuando se forman estrellas en su interior; las oscuras, que destacan en contraste con nebulosas brillantes detrás; y las nebulosas planetarias, que son los restos de una estrella que ha estallado.

Si quiere, puede ver en directo y por sí mismo algunas nebulosas en plena formación de estrellas. En invierno y con unos simples prismáticos o un telescopio pequeño puede buscar —le aseguro que es muy fácil— la gran nebulosa de Orión, en la constelación de Orión. También es conocida como M42 (por su entrada en el catálogo Messier), y como la catedral de las nebulosas; le animo a que averigüe por usted mismo por qué la llaman así. En verano, en el corazón de nuestra galaxia, tenemos la nebulosa del Águila, también conocida como M16 (objeto Messier número 16). De hecho, es muy famosa por una de las imágenes que tomó el telescopio Hubble hace unos años; quizás le suene «los Pilares de la Creación». Esta nebulosa es visible con un telescopio muy pequeñito.

Nebulosa M16, conocida como los Pilares de la Creación.

# Nebulosas planetarias

Las nebulosas planetarias son cadáveres de estrellas (de estrellas con una masa similar a la del Sol) que, al final de su vida, se convierten en rojas gigantes que no pueden retener sus capas externas, y que pueden crecer hasta 2 años luz de diámetro. Se llaman planetarias porque, vistas desde el telescopio, recuerdan un poco a los planetas.

Necesitaremos un telescopio para observarlas; algunas de ellas son muy bonitas, como la nebulosa anular de la Lira, en la constelación de la Lira, visible durante el verano. A pesar de que es fácil de encontrar, es muy pequeñita y necesitamos unos cuantos aumentos para disfrutarla en todo su esplendor. La imagen telescópica es como ver una voluta de humo. De hecho, algunos la llaman «el dónut».

La nebulosa anular de la Lira.

Otra nebulosa planetaria muy brillante y digna de visitar es Dumbbell, situada en la constelación de la Raposa, relativamente cerca de la anular de la Lira. Dumbbell se puede observar con facilidad con unos buenos prismáticos, y es como una mancha vaporosa y blanca. El telescopio nos facilitará el trabajo.

Un truco para localizar fácilmente las nebulosas planetarias (hay muchas, pero son muy pequeñas, casi puntuales, no como las dos que hemos comentado) es utilizar un filtro OIII (filtro centrado en la banda del oxígeno ionizado). Estos filtros son muy opacos al resto del espectro, pero iluminan como un faro las planetarias. Eso sí, necesitamos un telescopio con una buena abertura.

Recuerden que pueden utilizar aplicaciones de móvil para localizar todos estos objetos.

Siranet

Stellarium

SkySafari

Y ya que hablamos de la muerte de las estrellas y de su ciclo vital, hay un tipo de objeto muy parecido a las nebulosas planetarias: un remanente de supernova, que son los restos visibles de la explosión violenta de una estrella al final de su vida.

La mayoría de las veces, estos restos solo son visibles con largas exposiciones fotográficas; pero hay un objeto, llamado la nebulosa del Cangrejo, que está situado en la constelación de Tauro y que es visible con telescopios pequeños. Es muy fácil de localizar con telescopios pequeños, puesto que está situado muy cerca de la estrella Tau de Tauro.

También es conocido, por su entrada en el catálogo de Messier, como M1. Esta supernova estalló el 5 de julio del año 1054 y fue observada y documentada por chinos y árabes, que dejaron escrito en sus crónicas que apareció una estrella en plena luz de día y que tardó 22 meses en apagarse.

Remanente de supernova, M1, conocida como el Cangrejo.

# Cúmulos abiertos

Los cúmulos abiertos son agrupaciones de estrellas vinculadas entre ellas que han surgido de la misma nebulosa de gas y polvo. No tienen estructura y acostumbran a ser asimétricos. Pueden tener entre unas decenas y unos pocos miles de estrellas. Están situados, sobre todo, en el plano galáctico.

Las Pléyades.

El cielo está lleno de cúmulos abiertos. El más espectacular es el cúmulo de las Pléyades, sobre la constelación de Tauro. Es un cúmulo visible a simple vista y rodeado de una tenue nebulosidad azul que solo sale en las fotografías y que, en un principio, se pensó que eran los restos de la nebulosa que formó las Pléyades (pero no es así). Las estrellas del cúmulo simplemente están atravesando esa nube de gas y polvo interestelar. La visión con prismáticos o pequeños telescopios no tiene ni punto de comparación con la de ningún otro cúmulo.

Otros cúmulos de interés serían el cúmulo de las Híades, dentro de la constelación de Tauro, visible con prismáticos. O M41, en el Can Mayor, visible con prismáticos de cierta potencia y con telescopios pequeños. Y M35, un cúmulo abierto situado en la constelación de Géminis y apto para telescopios de pequeño formato. Dentro de la constelación del Cochero, podemos encontrar hasta tres cúmulos abiertos: M36, M37 y M38. Es una buena manera de practicar con instrumentos ópticos.

En verano, podemos disfrutar de otro cúmulo muy interesante, el cúmulo de los Patos Salvajes, también conocido, por su entrada en el catálogo de Messier, como M11. Situado en la constelación del Escudo, es uno de los cúmulos abiertos más ricos en estrellas que conocemos. Tiene unas 2900 estrellas y una antigüedad de 220 millones de años.

Recuerden que pueden utilizar el Stellarium u otras aplicaciones para localizar estos objetos. Todos son muy fáciles de encontrar y de observar con telescopios pequeños o con unos buenos prismáticos.

Cúmulo M11, conocido como cúmulo de los Patos Salvajes.

# Cúmulos globulares

Son agrupaciones de estrellas en forma de globo o esfera muy compacta que orbitan alrededor de las galaxias, como si fueran satélites. Tienen forma esférica y están muy unidos por la gravedad con mucha densidad estelar. Los cúmulos globulares pueden tener centenares de miles de estrellas.

Nuestra galaxia tiene más de 150 cúmulos de este tipo. La galaxia de Andrómeda, nuestra vecina más grande, tiene unos 500. Pero hay galaxias gigantes que pueden tener más de 10.000.

Estos cúmulos han traído de cabeza a muchos científicos. ¿Cómo es posible que las estrellas de algunos cúmulos sean más viejas que las galaxias que los acogen? De hecho, se han utilizado algunos cúmulos globulares para datar la edad del universo. La respuesta es muy curiosa: las galaxias se agrupan en grupos más o menos grandes y la atracción gravitatoria hace que las galaxias más pequeñas y que están más cerca de las galaxias grandes y masivas cedan algunos de sus cúmulos. Este intercambio de cúmulos se ha detectado en nuestro grupo local, donde galaxias enanas nos están cediendo sus cúmulos.

Algunos cúmulos globulares se pueden observar con unos buenos prismáticos. Es el caso de M13, el gran cúmulo de Hércules, situado en la constelación de Hércules. Es visible las noches de primavera y verano en nuestro hemisferio.

El gran cúmulo de Hércules.

Si alguna vez viajan al hemisferio sur, todavía hay uno más espectacular. Se trata del cúmulo globular Omega Centauri. Está en la constelación del Centauro y es el cúmulo globular más grande y brillante que orbita la Vía Láctea. De hecho, se puede ver a simple vista, y con prismáticos simplemente es espectacular. Yo lo he visto desde Canarias, o sea que no hay que viajar a la otra punta del mundo para disfrutarlo.

Si tenemos un pequeño telescopio, podremos observar algunos más. En el famoso catálogo Messier tenemos unos 29 repartidos por el cielo. Les recomiendo que visiten M4, muy cerca de la estrella Antares y muy fácil de localizar con prismáticos.

# Exoplanetas

Un exoplaneta es un planeta que orbita una estrella que no es nuestro Sol. Y ahora se preguntarán: ¿es posible observarlos a nivel de aficionado?

A pesar de que se suponía que había más planetas en el universo, hasta el año 1995 no se descubrió el primer exoplaneta orbitando una estrella similar a la nuestra. Y, desde el año 1995 hasta la fecha, hemos descubierto más de 4000 exoplanetas. De hecho, el estudio de exoplanetas es una de las ramas de la astronomía que está creciendo más.

En el mundo hay centenares de aficionados que están haciendo estudios de ciencia ciudadana con exoplanetas. Esto significa que sí que podemos observarlos, aunque sería más preciso decir que los detectamos.

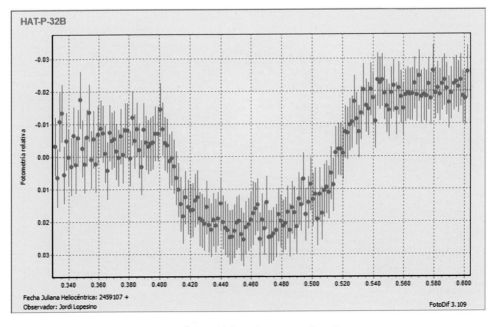

Curva fotométrica de un exoplaneta.

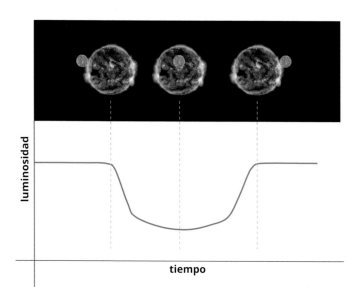

Al principio, solo podíamos detectar exoplanetas gigantes, del tamaño de Júpiter. Ahora somos capaces de detectar supertierras, planetas similares al nuestro, en una franja orbital parecida, pero algo mayores que nuestra Tierra. En un futuro no muy lejano seremos capaces de detectar planetas terrestres y, quién sabe, quizás detectaremos indicios de vida en alguno de ellos.

La manera de detectar un exoplaneta orbitando una estrella es mediante el sistema de ocultación. Si sospechamos que una estrella tiene planetas a su alrededor (de eso se ocupan algunas sondas espaciales), solo tenemos que medir el brillo de la estrella: cuando el exoplaneta pasa por delante de la estrella, hay una caída del brillo y se genera una curva de luz como la que ven en la figura de la página anterior.

Con un mínimo de tecnología y dedicación (algunas ocultaciones duran hasta seis horas), de esta manera indirecta se pueden detectar exoplanetas.

# Agujeros negros

A pesar de que los agujeros negros quedan fuera de nuestro ámbito de observación, es interesante conocer cómo se forman, ya que son parte de nuestro universo. Cualquier estrella que tenga más de cuatro veces la masa de nuestra estrella se puede convertir en un agujero negro.

Con cuatro masas solares las estrellas son tan pesadas que, al final de su vida, se colapsan sobre sí mismas y provocan que su masa se concentre en un punto muy pequeño del espacio. El espacio, con tanta masa, se convierte en un pozo sin fondo que no deja salir ni siquiera la luz. De ahí el nombre de agujero negro.

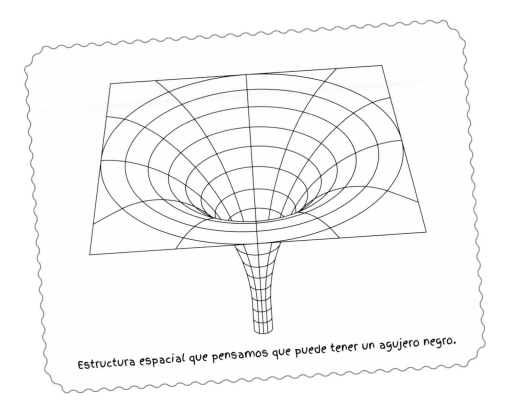

Estructura espacial que pensamos que puede tener un agujero negro.

Hay un punto de no retorno en un agujero negro: el horizonte de sucesos. Se trata de la frontera entre poder huir o caer en el pozo gravitatorio de la estrella.

¿Qué hay dentro de un agujero negro? De hecho, no lo sabemos. Es una información que nos está vetada, de momento. Quizás, cuando la ciencia avance algo más, descubriremos algún mecanismo para poder extraer información de este tipo de fenómenos.

Distorsión espacial provocada por la gravedad de un agujero negro.

La única manera de detectar un agujero negro es mediante medios indirectos. Cualquier estrella que pase cerca de un agujero negro sufrirá perturbaciones gravitacionales muy fuertes, que podremos medir y que nos permitirán determinar la posición del agujero negro.

La gravedad de un agujero negro también puede curvar la luz de las estrellas que están escondidas detrás de él y crear una lente gravitatoria que nos permite ver esas estrellas.

Hay agujeros negros de todos los tamaños o, al menos, eso es lo que se cree: algunos microscópicos y otros gigantescos. Se piensa que hay un agujero negro supermasivo en el núcleo de muchas galaxias. Sea como sea, se trata de un fenómeno singular y muy atractivo.

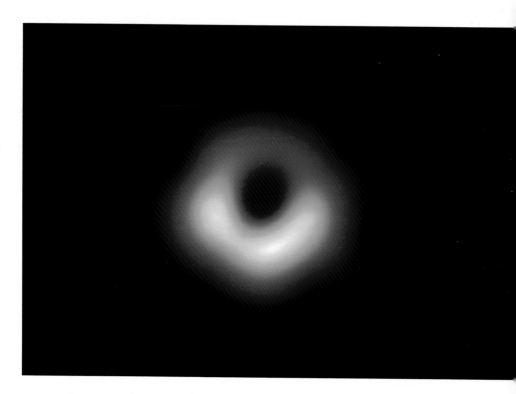

Imagen real de un agujero negro situado en la galaxia M87, fotografiado desde la Tierra con el telescopio EHT (Event Horizon Telescope).

La composición de nuestro universo durante los primeros minutos de existencia era básicamente hidrógeno y helio. Y a partir de ahí se creó todo.

380.000 años después del Big Bang, la temperatura bajó hasta los 3.500 grados K, y eso hizo que los átomos de hidrógeno y helio fueran estables. Este periodo lo conocemos como «la recombinación».

Tuvieron que transcurrir algo menos de 200 millones de años para que las nubes de hidrógeno y helio se concentraran y empezaran a colapsar gracias a la fuerza de la gravedad. Fue el inicio de la formación de las estrellas.

400 millones de años más tarde, se empiezan a crear las primeras galaxias, donde se agrupan estrellas, polvo y nubes de gas. Es el inicio del universo que conocemos.

Las estrellas juegan un papel muy importante en la química del universo. Tan solo con los dos ingredientes primigenios —hidrógeno y helio—, y con mucha temperatura y mucha presión, se crearon todos los elementos de la tabla periódica.

Representación de un átomo de hidrógeno.

El proceso es simple: una estrella es el resultado de equilibrar la gravedad de su masa, que intenta colapsar la estrella por aplastamiento, con la expansión producida por las explosiones derivadas del proceso de fusión de su núcleo.

A lo largo de su vida, una estrella quema su combustible interior en varias etapas, en una especie de lucha contra la gravedad. Su masa inicial marcará el destino final de la estrella y la formación más o menos rápida de elementos químicos.

Una estrella gigante y masiva fabricará los elementos químicos más rápidamente, y las estrellas menos masivas lo harán más despacio, pero durante más tiempo.

Observemos el proceso detenidamente. La materia prima original es el hidrógeno. Es el elemento más simple y ligero de la tabla periódica. Está formado por un protón y un electrón y es estable en forma de molécula ($H_2$). Con las altas presiones de los núcleos de las estrellas, se pueden unir dos protones. Si un protón captura un electrón, se formará un neutrón. Si dos

protones se unen a dos neutrones, se formará un núcleo de helio, el segundo elemento químico en aparecer.

Las estrellas actúan como crisoles. Cuando el combustible principal empieza
a escasear, la estrella reajusta su equilibrio, aumentando la temperatura y la
presión y combinando más protones y neutrones, ahora de elementos más
pesados, y creando elementos nuevos. Si fusionamos dos núcleos de helio,
obtenemos berilio; si fusionamos berilio con helio, obtenemos carbono; si
fusionamos carbono con helio, obtenemos oxígeno...

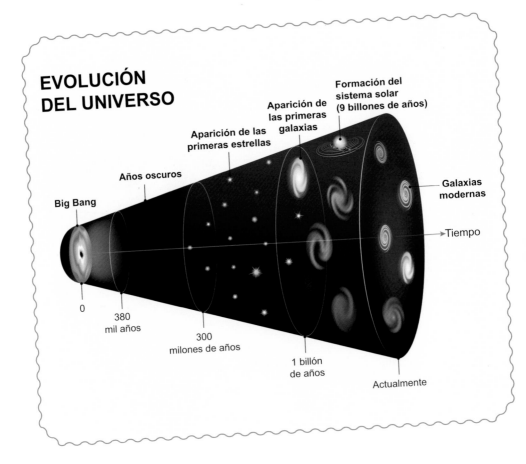

EVOLUCIÓN
DEL UNIVERSO

Formación del
sistema solar
(9 billones de años)

Aparición de
las primeras
galaxias

Aparición de las
primeras estrellas

Años oscuros

Galaxias
modernas

Big Bang

Tiempo

0

380
mil años

300
milones de años

1 billón
de años

Actualmente

La fusión es la causa de la creación de elementos químicos más ligeros que
el hierro. Se trata de los elementos que sirven de combustible a una estrella.
Pero esta fábrica no se detiene y también crea elementos más pesados que
el hierro. Las reacciones de fusión que generan material pesado no liberan
energía, que da vida a la estrella, sino que consumen energía y le quitan vida

a la estrella. Pero no todas las estrellas son capaces de producir hierro o materiales pesados.

Este proceso de creación de elementos químicos depende de la masa de la estrella. Tomaremos nuestro Sol como referencia. En estrellas menos masivas que el Sol, las reacciones químicas y la producción de nuevos elementos se detiene en el helio. En estrellas más masivas que el Sol (de hasta 8 masas solares), el tope está en la creación de carbono y oxígeno justo antes de la muerte de la estrella. Y en estrellas de más de 8 masas solares, el crisol químico llega al hierro y a materiales más pesados.

Cuando las estrellas crean núcleos de hierro, eso las hace inestables y acaban colapsando. El colapso lleva a la destrucción de la estrella, pero esa destrucción hace que los núcleos de hierro, a causa del incremento de la presión y la temperatura, se conviertan en otros elementos químicos más pesados, como cobre, zinc, criptón...

La explosión de estas estrellas hace que el medio interestelar quede sembrado de nuevo material, nuevos elementos y muchas posibilidades de crear planetas con seres vivos e inteligentes que encuentren normal tener a su alcance todos estos elementos químicos para su uso. Como si fuera la cosa más normal.

Las matemáticas son esenciales para comprender el universo y son más sencillas de lo que piensan.

El universo es tan grande que, para medirlo, necesitamos una regla que esté a la altura de las circunstancias. Por poner un ejemplo, si quisiéramos medir la circunferencia de la Tierra con una regla escolar, de 30 cm, sería un poco complicado y seguro que tendríamos muchos errores. Necesitamos algo más adecuado. Por cierto, ya puestos, la circunferencia de la Tierra es de unos 4.007.500.000 cm.

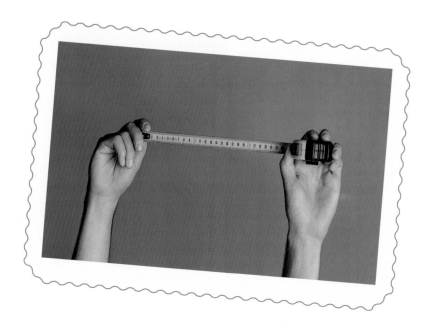

La regla más indicada para medir y entender el universo es el año luz, que es, simplemente, la distancia que recorre un fotón de luz en un año.

Pongamos números para cuantificarlo. La luz viaja a una velocidad de unos 300.000 km por segundo. NO CONOCEMOS nada que vaya más rápido en el universo (de momento, claro está). Un año luz serían unos 9.460.800.000.000 kilómetros (nueve billones cuatrocientos sesenta mil ochocientos millones de kilómetros).

Evidentemente, también podemos trabajar con fracciones de año luz, como el segundo luz o el minuto luz. Lo podemos hacer a la medida y según las necesidades.

La necesidad de trabajar con esta vara de medida son las enormes distancias que hay en el universo. Por ejemplo, la distancia media entre la Tierra y el Sol es de unos 150.000.000 km (ciento cincuenta millones de kilómetros). Así pues, la luz del Sol tarda unos 8 minutos en llegar a la Tierra. Si alguien sacara el Sol fuera del sistema solar, tardaríamos 8 minutos en darnos cuenta de que ya no está.

Otra distancia medible con esta vara sería la distancia media Tierra-Luna: unos 385.000 kilómetros. En velocidad luz, sería algo más de un segundo.

Cuando enviamos astronautas a la Luna por primera vez, tardaron casi cuatro días en llegar, a una velocidad media de unos 4.000 km/h.

Los astronautas dejaron un espejo especial en la Luna, que sirve para medir a qué distancia exacta está nuestro satélite natural. Desde la Tierra disparamos un láser en dirección al lugar donde está el espejo. El láser rebota en el espejo y vuelve hacia la Tierra. Cuando detectamos que ha vuelto, calculamos el tiempo que ha tardado en ir y volver. Como sabemos que la luz láser viaja a la velocidad de la luz, dividimos el tiempo entre dos (ida y vuelta) y podemos calcular de manera muy exacta los kilómetros que hay. Los resultados están en algo más de un segundo. Si sabemos qué distancia recorre la luz en un año, es fácil saber cuánto recorre en algo más de un segundo.

Sistema solar.

Sin salir del sistema solar, y siempre contando distancias medias, podríamos calcular en velocidad luz a qué distancia está orbitando cada planeta del Sol:

| Mercurio | 3,2 minutos luz |
|---|---|
| Venus | 5,6 minutos luz |
| Tierra | 8 minutos luz |
| Marte | 12 minutos luz |
| Júpiter | 42 minutos luz |
| Saturno | 1 hora y 16 minutos luz |
| Urano | 2 horas y 32 minutos luz |
| Neptuno | 4 horas luz |
| Plutón (planeta enano) | 5 horas y 30 minutos |

Si tuviéramos una nave espacial capaz de viajar a estas velocidades, hay algo que deberíamos tener en cuenta. Los planetas giran alrededor del Sol y no están nunca alineados al mismo lado. La Tierra puede estar a 4 minutos luz de Marte si este está en oposición (el punto más próximo a la Tierra), pero si está en el otro lado de la órbita, en conjunción, estaríamos a 20 minutos luz. Claro está que, a estas velocidades, no viene de un cuarto de hora, ¿verdad?

Nuestra tecnología no permite alcanzar estas velocidades. Cuando enviamos una nave a otro planeta, tardamos meses en llegar, a pesar de que hagamos carambolas con los planetas (aprovechamos la fuerza de gravedad de un planeta para acelerar la nave). Prueba de ello son las sondas espaciales *Voyager 1* y *Voyager 2*. Fueron lanzadas desde la Tierra en 1977. Actualmente, hace más de 45 años que viajan. Son las naves terrestres más rápidas que existen, viajan a una velocidad de 61.500 km/h, y en este tiempo «SOLO» han recorrido una distancia equivalente a 21 horas luz (la *Voyager 2*)

y a 12 horas luz (la *Voyager 1*). Ahora mismo están fuera del sistema solar, en lo que llamamos «espacio interestelar».

Si aplicamos la vara de medida a la estrella más próxima, Proxima Centauri, un sistema triple que está a 4,22 años luz, las sondas *Voyager* tardarían unos 75.000 años en llegar. ¿Empezamos a darnos cuenta de la inmensidad del universo?

Pues si apuntamos la mirada hacia nuestra galaxia vecina, la gran galaxia de Andrómeda, que está situada a 2,5 millones de años luz de nosotros, nos daremos cuenta de que es muy difícil que alguna vez lleguemos a salir de nuestra galaxia. Es más, incluso es bastante improbable que alguna vez lleguemos a la otra punta de nuestra galaxia, que «SOLO» tiene unos 100.000 años luz de diámetro.

Todo esto nos lleva a un detalle muy curioso. Tomemos como ejemplo la galaxia de Andrómeda. Si decimos que está a 2,5 millones de años luz de nosotros, en realidad la estamos viendo tal como era hace 2.5 millones de años. La luz que desprende la galaxia empezó a viajar hacia nosotros cuando el *Homo habilis*, un homínido antecesor del ser humano, estaba aprendiendo a tallar piedra para hacer herramientas, unas herramientas que nos han llevado evolutivamente hasta donde estamos ahora.

Hay un par de conceptos matemáticos que serán muy útiles para comprender el universo. ¿Se han preguntado alguna vez si existe un número que contenga todo el universo? Este número se llama «gúgol». Un gúgol es un 10 seguido de 100 ceros. Si contáramos todos los granos de arena de todas las playas de nuestro planeta, y todas las gotas de agua de todos los mares y océanos de la Tierra, el gúgol todavía sería mayor.

$$10^{100} = gúgol, \text{ que se lee diez sexdecillones.}$$

De hecho, si contáramos todos los átomos del universo, el gúgol todavía sería mayor. Así pues, es un número importante, ¿verdad? Pues el gúgol se queda corto y pequeño al lado de otro concepto: el «infinito». El infinito lo comprende todo, y cuando crees que has llegado al final del infinito todavía puedes añadir más números. No se acaba nunca. No tiene final.

El infinito es la medida del universo...

# LA ASTRONOMÍA ES... VIAJERA

Las novelas de ciencia ficción, los cómics, las películas... están llenos de viajes interplanetarios, interestelares, intergalácticos; llenos de héroes y heroínas que surcan el espacio sideral en busca de conocimiento y aventuras. No se pueden ni imaginar, a día de hoy, qué lejos está todo esto de la realidad; por desgracia, claro... ¡Qué más querríamos!

Para empezar, el ser humano actual no está preparado fisiológicamente para soportar largos viajes al espacio. No hablo de estancias largas en la estación espacial, sino de viajes interplanetarios. La estación espacial no deja de ser un artefacto que da vueltas a la Tierra y que está protegido por el campo magnético de nuestro planeta. Porque uno de los principales problemas de los viajes espaciales es la protección contra la radiación de cualquier tipo.

Otro problema es la falta de gravedad. Nuestro cuerpo se descalcifica y pierde masa muscular muy rápidamente en el espacio. Tenemos rutinas que nos ayudan durante un tiempo, pero la solución definitiva todavía no la tenemos operativa. Seguro que en alguna mente privilegiada de este planeta ya hay una solución, pero falta ponerla en práctica.

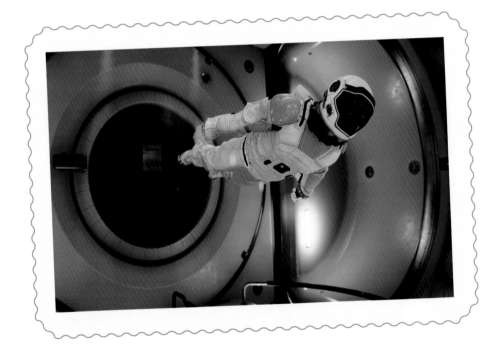

Otro problema es, desgraciadamente, la velocidad que podemos imprimir a nuestros cohetes para viajar entre dos planetas, por ejemplo. Ya hemos hablado de ello en la sección sobre matemáticas. Eso hace que los viajes sean larguísimos y muy peligrosos para los tripulantes de las naves. En caso de avería, los astronautas dependen de sí mismos. No hay un servicio de rescate espacial.

En el espacio, las enfermedades comunes evolucionan de manera diferente que en la Tierra. Incluso los medicamentos no funcionan tan bien, o dejan de funcionar, por lo que este es otro peligro a tener en cuenta en viajes de muchos meses, o incluso de años.

Hasta ahora, los gobiernos con capacidad para hacerlo capitalizaban los esfuerzos para controlar sus departamentos astronáuticos, pero últimamente hay un cambio de paradigma: algunas empresas privadas empiezan a moverse por este negocio con cierta seguridad. SpaceX y Orbital son dos ejemplos de ello. De hecho, muchos gobiernos compran la tecnología a empresas privadas.

Actualmente, la NASA está estudiando la posibilidad de llevar a astronautas a la Luna a partir de 2025. La misión espacial Artemis I pretende conectar las antiguas misiones Apolo con el siglo xxi. Si todo sale como está previsto, será el primer paso para enviar a humanos a Marte, y quizás a otros planetas. A pesar del peligro que ello supone.

Algunos de los avances científicos más importantes de los últimos tiempos los están llevando a cabo equipos que gestionan los distintos telescopios espaciales, los distintos Rovers que están en Marte y en la Luna o las sondas espaciales que estudian los planetas exteriores de nuestro sistema solar.

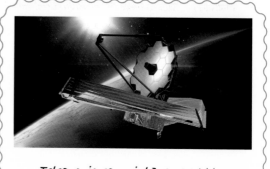

Telescopio espacial James Webb.

En las distintas sociedades, hay varias maneras de denominar a un astronauta, pero todos son iguales y llevan a cabo las mismas tareas. La cultura occidental denomina «astronauta» a la persona que forma parte de la tripulación de una nave espacial o que está entrenada para hacerlo. Los rusos los llaman «cosmonautas», y los chinos «taikonautas». ¡Ni en eso nos ponemos de acuerdo!

# LA ASTRONOMÍA ES... PELIGROSA

Nuestro planeta gira alrededor del Sol, con parsimonia, desde hace millones de años. Durante todo este tiempo, nuestro planeta ha evolucionado geológicamente, atmosféricamente y biológicamente hasta convertirse en el planeta que conocemos, en nuestra casa. Pero, en honor a la verdad, nosotros, la humanidad, estamos aquí a causa de la desgracia de otros, que se extinguieron y nos dejaron espacio para evolucionar.

Hace unos 65 millones de años, la Tierra era el paraíso de los dinosaurios. Aquel tiempo se conoce como el Cretácico. Entonces, cayó un meteorito de unos 11 kilómetros de diámetro en la zona que ahora conocemos como golfo de México y se extinguieron más de la mitad de las especies que vivían en nuestro planeta. El cráter resultante mide más de 180 kilómetros de diámetro.

El impacto marca el final de la era cretácica y el inicio de la nueva era paleocena. Las últimas investigaciones apuntan a que la caída del meteorito fue la gota que colmó el vaso, y que los dinosaurios ya estaban en declive. Da igual:

el meteorito hizo mucho daño y ese daño nos permitió a nosotros evolucionar como especie.

Muchos de ustedes, ahora mismo, se deben de estar preguntando: ¿sucede a menudo, que caiga un meteorito y se cargue a la población de medio planeta? Pues más a menudo de lo que creemos.

De hecho, dependiendo de la capacidad de destrucción de los meteoritos, podríamos decir que un meteorito con capacidad de destrucción localizada en tierra, o de provocar un tsunami, puede caer una vez en el lapso de 50 a 1.000 años. Un meteorito con capacidad de destrucción regional si cae en tierra, o de generar un tsunami devastador si cae en el mar, puede pasar una vez en el lapso de 10.000 a 100.000 años. Y un meteorito con la capacidad de extinción como el que acabó con los dinosaurios, y que causaría una catástrofe climática global, podría pasar una vez cada 100.000 años o más.

Si hacemos números, veremos que un día u otro nos tocará.

La cosa está más controlada de lo que parece. Desde la Tierra, con telescopios, controlamos la mayoría de los asteroides y cometas que pasan cerca de nuestro planeta. Muchos de esos telescopios son de aficionados a la astronomía. O sea que podemos estar tranquilos, que de momento no hay nada descontrolado que nos pueda hacer daño.

Asteroide acercándose a la Tierra.

El último recuento de la NASA da la cifra de casi un millón de asteroides controlados. Solo tenemos que preocuparnos de los llamados NEO, objetos próximos a la Tierra. Son asteroides con órbitas próximas a la Tierra y con posibilidades de chocar contra nosotros. De esos tenemos controlados unos 20 000, pero no dejamos de buscar más.

Cinturón de asteroides; en la realidad, están mucho más separados unos de otros.

Se calcula que, cada año, caen a la Tierra unos 17 000 meteoritos. Pero la mayoría son polvo o partículas muy pequeñas, muchas de ellas procedentes de cometas que pasan cerca de la Tierra y que nuestro planeta arrastra cuando atraviesa sus órbitas.

Cuando la Tierra atraviesa la órbita de algunos cometas, muchas partículas que se han desprendido del cometa caen a la Tierra. Son las conocidas «lluvias de estrellas». Quizás la más famosa es la lluvia de las Perseidas, que podemos ver entre el 17 de julio y el 24 de agosto. Aunque el día de mayor caída de meteoros es alrededor del 12 de agosto, muy cerca de la festividad de San Lorenzo. Por este motivo, esta lluvia de estrellas también es conocida como las lágrimas de San Lorenzo.

Hay más lluvias a lo largo del año. Y cada lluvia está vinculada a un cometa diferente. Además de las Perseidas, tenemos las Leónidas, las Gemínidas, las Líridas... Las lluvias reciben el nombre de la constelación donde está el radiante, el punto central del cielo desde donde parece que salen.

Lluvia de estrellas

Cuando una estrella fugaz cae, vemos un rastro luminoso en el cielo. Es lo que llamamos «meteoro». Acostumbran a ser polvo o granitos pequeños de material procedente de asteroides y cometas. Si el trozo que entra en la atmósfera es suficientemente grande y no se desintegra, lo llamamos «meteorito».

Asteroides y cometas son objetos del sistema solar. Son cuerpos más pequeños que un planeta y más grandes que un meteorito. Los asteroides suelen ser rocosos y los cometas están cargados de material volátil que se sublima cuando está cerca del Sol y forma un cola o cabellera muy característica. La mayoría de los asteroides están situados entre las órbitas de Marte y Júpiter. Los cometas, en cambio, provienen de los confines del sistema solar, de una zona llamada nube de Oort. A causa de perturbaciones gravitacionales, caen hacia el Sol, donde desarrollan la cabellera. Pueden realizar varias órbitas completas hasta que pierden la mayoría del material volátil y acaban convirtiéndose en asteroides sin actividad cometaria.

En el momento de finalizar este libro, hay un cometa espectacular y visible a simple vista surcando los cielos.

En esta fotografía de Quico Hernández, tomada desde Tenerife, en enero de 2023, se pueden ver todas las partes de un cometa: la cabellera, la coma, la cola única (larga y delgada) y la anticola, a la izquierda del cometa. Una imagen extraordinaria.

Ahora mismo, en el cielo nocturno, hay un par de centenares de cometas visibles con telescopio. Pero, de vez en cuando, uno de ellos pasa muy cerca del Sol e inicia una actividad cometaria que se puede ver a simple vista en el cielo nocturno. Son los grandes cometas. Actualmente, la contaminación lumínica nos priva de la observación de estos fenómenos en nuestras ciudades. Tenemos que buscar zonas en la montaña para observarlos a simple vista. Si alguna vez tienen la posibilidad de ver uno a simple vista, ¡no se lo pierdan!

En la antigüedad, el desconocimiento y la superstición hacían que estos objetos maravillosos fueran considerados de mal agüero e incluso diabólicos.

Cometa 67P.

# LA ASTRONOMÍA ES...
# VIDA

Los seres humanos nos creemos los amos y señores del planeta Tierra, pero no podemos olvidar que compartimos casa con miles de especies animales y vegetales. La única diferencia entre ellas y nosotros es la capacidad tecnológica y la capacidad para autodestruirnos. Ambas son propiedad exclusiva del género humano.

Protágoras, un filósofo griego que nació el año 485 a. C., sentó las bases del antropocentrismo cuando dijo que el hombre era la medida de todas las cosas. Miramos el mundo y el universo con el patrón humano como medida. El cristianismo, en la Biblia, dice que Dios hizo al hombre a su imagen y semejanza. En una lectura moderna, podríamos decir que fue el hombre quien hizo a Dios a imagen suya, reforzando la medida del hombre como centro del universo.

En la antigüedad, el mundo era el centro del universo. Todo giraba a su alrededor. A medida que el pensamiento y la tecnología evolucionaron, desgraciadamente no siempre al mismo ritmo, vimos y comprendimos lo insignificantes que somos. Y, a pesar de eso, no aprendemos la lección. ¿Qué pasa con el resto de las especies? ¿Y con el equilibrio natural?

Que nos estamos cargando el planeta es evidente. La búsqueda de materias primas para consumo y beneficio propio está desequilibrándolo todo. Y ahora que tenemos la capacidad de viajar por nuestro sistema solar, ¿qué pensamos hacer?

Estamos explorando cómo extraer helio-3, un isótopo del helio, de la superficie de la Luna. El helio-3 es un combustible altamente energético que ayudaría a mitigar la crisis energética de nuestro planeta. Para extraer este material, tenemos que procesar el primer medio metro de la superficie lunar. ¡Cuando acabemos la explotación, no reconoceremos nuestro satélite! Aprovechando que estamos en la Luna, tendríamos que encontrar agua —se supone que hay agua congelada— para obtener de ella oxígeno e hidrógeno también.

De hecho, si alguna vez llegamos a otro planeta, tendríamos que explotar sus recursos para abastecernos, puesto que económicamente no sale a cuenta transportarlos desde la Tierra. Poner en órbita un kilogramo de lo que sea cuesta unos 60.000 dólares. Hagan números.

Otros proyectos son la explotación minera de los asteroides. Se cree que estas rocas primigenias tienen un porcentaje más elevado de metales que nuestro planeta.

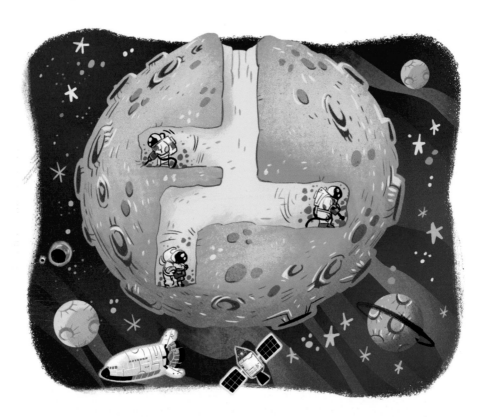

Una idea que ronda por la cabeza de media humanidad es la de emigrar a otros planetas. Colonizar un mundo mejor. Crear nuevas sociedades. Vivir mejor. Una idea, por el momento, difícil de llevar a cabo, por no decir imposible.

Nuestro planeta es único en el sistema solar. Está a la distancia adecuada del Sol para soportar la vida. Tiene agua líquida. Tiene un campo magnético que nos protege de la radiación solar y una atmósfera respirable. ¡Lo tiene todo!

Cuando salimos de la protección del campo magnético terrestre, nos ponemos en peligro. En la Luna no hay campo magnético, en Marte tampoco, y el resto de los planetas todavía son peores. O sea que eso no lo tenemos resuelto.

**Agua.** Tal vez en la Luna encontraremos agua congelada. Tal vez. Tal vez también en Marte. Tal vez. Si montamos una colonia, tenemos que autoabastecernos. Aquí nos falta información.

**Atmósfera.** En la Luna no hay. La de Marte es tan tenue que aquí en la Tierra la consideraríamos vacío. En la Tierra tenemos una presión atmosférica de 1.024 milibares, y en Marte solo de 7. La tecnología para «terraformar» un planeta (cambiar las condicionas de un planeta por unas condiciones parecidas a las de la Tierra) está fuera de nuestro alcance. Se tardarían siglos en conseguir avances significativos, y cualquier error lo echaría todo a perder.

Y estamos hablando de los lugares del sistema solar que serían más propicios. El resto todavía son mucho peores. Entonces, queda descartado, de momento, colonizar otro planeta del sistema solar. ¿Y qué pasa con los planetas extrasolares?

Si ya nos costaría llegar a Marte, ¿qué podemos decir de plantearse, con la tecnología actual, un viaje de miles de años para ir vaya a saber dónde, por si hay suerte y es un lugar propicio?

¿Y si en vez de huir del planeta Tierra lo cuidamos un poco más? Si todos los países unieran esfuerzos y pensáramos a nivel planetario, no local como hasta ahora, y le dedicáramos recursos, podríamos salvar nuestro hogar. No solo para nosotros sino también para el resto de las especies que conviven con nosotros y que tienen que ver, para vergüenza nuestra, cómo nos estamos cargando nuestro planeta.

Cuando hablamos del fin del mundo, no hablamos de la aniquilación global. Nuestro planeta no desaparecerá. La que desaparecerá será la humanidad. Y nadie nos echará de menos, se lo aseguro. La naturaleza de nuestro planeta se reajustará y dejará espacio para que otra especie evolucione y ocupe nuestro lugar.

Si hablamos en términos evolutivos, la consecuencia de la evolución es perpetuar las especies. Cada paso evolutivo tiene que hacernos más fuertes y más preparados para vivir en nuestro entorno. Sinceramente, creo que en nuestro caso el error más grande de la evolución es la inteligencia. Viendo lo que hacemos con nuestro planeta, no parece que la inteligencia, de momento, nos esté llevando por el buen camino evolutivo. ¡Ya veremos cómo acaba todo!

# LA ASTRONOMÍA ES...

## ... COMPARTIR

Hemos hablado de compartir planeta con otras especies, pero también estamos compartiendo universo con otras civilizaciones. Y, por si alguien lo dudaba, ¡NO ESTAMOS SOLOS EN EL UNIVERSO!

Es una cuestión estadística. En el universo observable se calcula que hay 300 billones de sistemas solares por galaxia. Con una media de 8 planetas por sistema solar y unos 2.000 millones de galaxias, tenemos una cifra aproximada de 5 cuatrillones de planetas. Entre todos ellos, ¿solo hay vida en la Tierra? Es muy improbable. Si se dan las mismas condiciones, la vida se puede generar en cualquier lugar del universo.

Otra cosa es que esa vida se haga inteligente y tecnológica, como nosotros. Otra cosa es que esté suficientemente cerca de nosotros. Otra cosa es que estemos desarrollados tecnológicamente de manera similar y al mismo tiempo. Porque no sirve de nada que nosotros estemos en la edad de piedra y otra civilización nos envíe señales de radio, o al revés. Otra cosa es que la otra civilización, supuestamente más avanzada, quiera contactar con nosotros.

¡Tal vez nos están evitando!

La cuestión de la distancia es determinante. Hemos visto los problemas que supone viajar por el espacio a las velocidades que nos permite la tecnología. Este problema es común a cualquier civilización del universo. Si estás lejos, estás aislado. Incluso las comunicaciones, a pesar de alcanzar la velocidad de la luz, son lentas. Tardaríamos demasiado en enviar y recibir un mensaje.

El año 1974, pronto hará 50 años, se envió un mensaje cifrado desde el radiotelescopio de Arecibo. Era un saludo enviado a una posible civilización inteligente que viviera en el cúmulo globular de Hércules, también conocido como M13. El mensaje tardará más de 25.000 años en llegar, y si hay alguien allí que lo descifre y se digne a contestar, tardaremos 25.000 años más en recibir respuesta. ¡Estén atentos!

El astrónomo Frank Drake ideó una fórmula, en 1961, que sirve para calcular la cantidad de civilizaciones en nuestra galaxia susceptibles de tener emisiones de radio detectables.

$$N = R^* \cdot f_p \cdot n_e \cdot f_l \cdot f_i \cdot f_c \cdot L$$

**N** Número de civilizaciones que podrían comunicarse en nuestra galaxia.

**R\*** Ritmo actual de formación de estrellas adecuadas.

**f_p** Estrellas que tienen planetas orbitando.

$n_e$ Planetas orbitando en la zona de habitabilidad.

$f_l$ Planetas en la zona de habitabilidad con vida desarrollada.

$f_i$ Planetas donde la vida inteligente se ha desarrollado.

$f_c$ Planetas con vida inteligente con tecnología y que intenta comunicarse.

**L** Lapso de tiempo de existencia de civilizaciones.

El resultado que consiguieron Drake y su equipo fue N = 10.

Hay muchos desacuerdos con la fórmula y con los valores de cada incógnita, pero es un buen punto de partida.

# Mensajes en una botella

Lanzar una botella al mar con un mensaje dentro era el último recurso de los náufragos que estaban atrapados en islas deshabitadas, recónditas y desconocidas. Un recurso desesperado, porque la mayoría de las veces las botellas se estrellaban contra los escollos, la marea las devolvía a la isla o se perdían para siempre en la inmensidad del océano. El mensaje acostumbraba a no llegar nunca, pero el gesto de lanzar la botella al mar alimentaba la esperanza del náufrago. Actualmente, continuamos lanzando botellas con mensajes, pero el océano es otro. Ahora nadamos en un océano cósmico, el espacio sideral.

Ahora ya no nos empuja la desesperación, ni la soledad, ni queremos que nos rescaten... Lo hacemos para que nos vean. El mensaje sería de este tipo: *Atención, chicos y chicas de otros planetas. Atención, gente que viajáis por el espacio. Somos nosotros, los de la Tierra. ¿Hay alguien?*

La primera botella que lanzamos fue a la Luna. Quedó en su superficie en 1969, es una chapita enganchada en la pata del LEM (los restos del módulo lunar). Dice algo parecido a esto: *A quien pueda interesar, venimos de aquel planeta azul, tan bonito, que está ahí al lado.*

La segunda y la tercera botella fueron lanzadas en 1972 y 1973, respectivamente; en las sondas *Pioner 10* y *Pioner 11*. Los mensajes son idénticos: unos discos de cobre bañados en oro, de unos 30 cm de diámetro, con unos pictogramas que representan a un hombre y a una mujer desnudos, un esquema del sistema solar e información científica que presumiblemente alguna civilización alienígena podrá entender. Una especie de invitación para que nos visiten.

Las dos últimas botellas están en las sondas *Voyager 1* y *Voyager 2*, lanzadas al espacio en 1977. El mensaje es igual en ambas naves: un disco con pictogramas, pero más sofisticado que el de las *Pioner*, puesto que tiene grabadas 115 imágenes y sonidos de la Tierra, saludos en 55 idiomas, 27 piezas musicales y el canto de las ballenas. La cubierta que protege el disco lleva una muestra ultrapura de uranio 238. De este modo, si alguien encuentra el mensaje y mide el decaimiento de la fuente radioactiva, podrá determinar el tiempo que ha transcurrido desde el lanzamiento de las sondas. Las cubiertas del disco llevan instrucciones y unas agujas para poderlo reproducir. Igual que un disco de vinilo.

Estos mensajes tardarán millones de años en llegar a las estrellas más próximas, y lo más seguro es que el día que alguien los encuentre la raza humana ya no exista. Pero no desfallecemos, y seguiremos lanzando botellas al espacio. Llenaremos el océano cósmico de mensajes: «Estamos aquí, somos de la Tierra».

Las huellas que dejaron los astronautas al caminar por la Luna durarán millones de años. La especie humana habrá desaparecido y todavía quedarán esas huellas.

Los terrícolas nos estamos haciendo ver demasiado. No nos extrañe que los extraterrestres, si es que existen, estén un poco hartos de nosotros. Desde la invención de la radio, estamos esparciendo por el espacio nuestras ondas electromagnéticas. Y la cosa aumentó aún más con las primeras retransmisiones televisivas. El espacio alrededor de nuestro planeta, y hablo de algunos años luz de distancia, está contaminado con nuestras emisiones radiofónicas y televisivas de todos los tiempos. Si tuviéramos una nave espacial más rápida que la luz y viajáramos fuera de esa burbuja de ruido, podríamos sintonizar las primeras palabras que dijo Marconi, el inventor de la radio, o sintonizar la primera retransmisión televisiva.

Pero la humanidad no solo contamina el espacio sideral con ondas de radio y televisivas. ¿Sabéis cuántas toneladas de chatarra y basura humana hemos dejado sobre la Luna desde 1969? ¡Muchas!

Alrededor de nuestro planeta hay miles de restos de satélites artificiales; algunos en desuso, otros averiados, otros desmenuzados. Restos de cohetes, tornillos y chatarra espacial, una parte de la cual va cayendo a la Tierra, donde se desintegra. La parte más peligrosa está cubriendo como un paraguas el espacio circundante y, en pocas décadas, habremos cerrado el espacio aéreo espacial con chatarra, y cada vez nos será más difícil salir de nuestro planeta. Este es uno de los principales peligros para los paseos espaciales y para los astronautas.

Pero no perdamos la esperanza, disfrutemos del cielo nocturno y de la astronomía. Saboreemos la abrumadora inmensidad del Universo. Sintámonos pequeños, insignificantes, pero parte del Cosmos.

# ANEXO

## Catálogo de Messier

Charles Messier era un astrónomo francés de finales del siglo XVIII. Trabajaba en el Observatorio de París y era un entusiasta de los cometas. Cuando observaba el cielo, desde el centro de París, con su telescopio vio que algunos grupos de estrellas y algunas nebulosidades se parecían mucho a los cometas. Eso podía confundir a los cazadores de cometas, así que decidió hacer un catálogo de objetos no cometarios para evitar confusiones.

El Catálogo Messier es un inventario de objetos celestes formado por:

**41** galaxias

**28** cúmulos globulares

**28** cúmulos abiertos

**6** nebulosas de emisión

**4** nebulosas planetarias

**2** estrellas dobles o múltiples

**1** remanente de supernova

**Total: 110 objetos**

Hay miles de objetos celestes para observar. Estos son los más brillantes e interesantes para observar con prismáticos y telescopios pequeños. Y solo visibles desde el hemisferio norte.

Messier, sin proponérselo, elaboró un pequeño catálogo de objetos que son perfectos para quienes se inician en la astronomía. En esta editorial pueden encontrar *Nuevo Catálogo Messier*, de Juan Manuel Bullón, muy útil para las primeras observaciones.

ASTROMARCOMBO

# Nuevo Catálogo Messier

Joan Manuel Bullón i Lahuerta

Marcombo

# Índice fotográfico

# Agradecimientos

Nuestro país está lleno de astrónomos *amateurs* y, en algunas facetas de investigación de ciencia ciudadana, somos punteros en calidad y en cantidad de observaciones. Aunque este libro es solo una iniciación a la astronomía, cuenta con la colaboración de destacados astrónomos *amateurs*. Gracias, pues, a Ferran Grau Horta, por su aportación en el campo de los exoplanetas; a Luis Farinós Puerto, por su incansable labor fotografiando los planetas de nuestro sistema solar; a José Muñoz Reales, por observar, fotografiar y estudiar el Sol; a Carles Rabassa Guixé, por su lucha constante contra la contaminación lumínica en su pueblo, como se aprecia en sus fotografías; a José Francisco Hernández, que desde Canarias sigue incansablemente cometas y nebulosas; a Joanma Bullón y su profunda pasión por observar y fotografiar los catálogos Messier y Caldwell; a Joaquín Duran y su personal persecución de la Vía Láctea; a Roberto García Valencia y sus espectaculares imágenes, algunas con decenas de horas de exposición.

También quiero agradecer la colaboración y dedicación del matemático Joan Radó Punsola, que con mucha paciencia me enseñó a decir por su nombre, y sin equivocarme, las astronómicas cifras y distancias que hay en el universo. Gracias a todos.

Algunos de los colaboradores han escrito libros sobre astronomía en esta editorial. Otros tienen imágenes impresionantes en las redes sociales. Aquí tiene los enlaces para ir directamente a toda esta información si está interesado.

José Muñoz Reales

Luis Farinós

Roberto García

Carles Rabassa

Joaquín Duran

Joanma Bullón

José Francisco Hernández

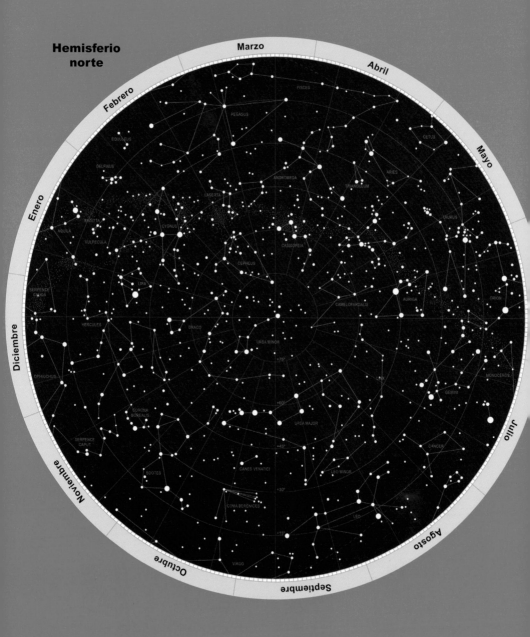

**Hemisferio norte**

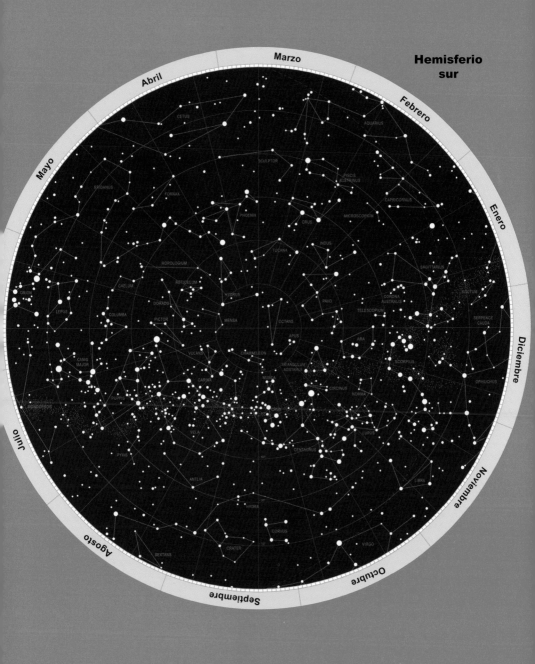

**Hemisferio sur**

Marzo

Abril

Febrero

Mayo

Enero

CETUS

AQUARIUS

SCULPTOR

PISCIS
AUSTRINUS

ERIDANUS

CAPRICORNUS

FORNAX

PHOENIX

GRUS

MICROSCOPIUM

HOROLOGIUM

TUCANA

INDUS

SAGITTARIUS

CAELUM

RETICULUM

HYDRUS

SCUTUM

ORION

DORADO

PAVO

CORONA
AUSTRALIS

SERPENCE
CAUDA

LEPUS

PICTOR

MENSA

OCTANS

TELESCOPIUM

Diciembre

COLUMBA

VOLANS

APUS

ARA

CANIS
MAJOR

CHAMAELEON

SCORPIUS

CARINA

TRIANGULUM
AUSTRALE

OPHIUCHUS

PUPPIS

MUSCA

CIRCINUS

NORMA

Julio

VELA

LUPUS

CENTAURUS

PYXIS

LIBRA

ANTLIA

Noviembre

HYDRA

CRUX

SEXTANS

CORVUS

VIRGO

CRATER

Agosto

Octubre

Septiembre